JN066034

技術士第一次試験「適性科目」標準テキスト 第2版

福田 遵 著

日刊工業新聞社

はじめに

適性科目は、技術者倫理に関する問題が出題される試験科目で、適性科目が創設された当初の受験者の平均点は80〜90％程度でしたので、合格基準の50％と比べるとはるかに高いレベルでした。そのため、適性科目で失敗する受験者はほとんどいない状況が長年続いていました。その理由は、倫理事例の判断をする問題が多く出題されており、常識的な倫理観で判断していれば正答が見つかる問題が多く出題されていたからです。そのため、まったく勉強しなくとも合格できる試験科目というのがその頃に受験した人の評価でした。

ところが最近になって、国や倫理に関係する組織が定めたガイドラインなどの内容に関する問題が多く出題されるようになってきたため、適性科目の平均点が大幅に低下してきています。適性科目だけの合格率は公表されていませんので、適性科目で不合格になった受験者数はわかりませんが、適性科目は勉強しなくとも合格できるという先入観で受験すると、痛い目に合う可能性が出てきています。

技術者倫理というテーマは、日本では最初に日本技術士会が広めた概念です。最近では、技術者倫理違反と考えられるような社会問題が多く報道されるようになってきていますが、最初に技術者倫理を学び始めた頃とは社会の反応が大きく変化していると、著者は感じています。当初は、予防倫理という観点で事例研究をするというのが、技術者倫理の学び方でした。しかし、それが安易な倫理問題への意識の固定観念化につながっているのではないかという反省が、最近、多くの学協会で行われるようになってきています。その結果、技術者倫理の学び方に大きな変革が生じてきています。

そのような、技術者倫理教育の見直しを反映しているような変化が適性科目の出題傾向に現れています。顕在化した技術者倫理問題の要因を見ると、技術者が法律の内容を知らないか、不十分な知識で判断を行っているために、問題を発生させているものがあります。また、道徳や倫理に関する判断基準は、個人差が大きいのも事実です。そのため、いくつかの組織から技術者倫理に関するガイドブックや指針が出されています。しかし、多くの技術者はそういったものがあることすら知らない状況ですので、それらの資料を勉強するという意識は育っていません。こういった現状を受けて、適性科目でももっと受験者に基礎知識を勉強させ、その内容を基にした問題を出題しようという動きになっているものと考えます。

このような状況から、技術士第一次試験の受験者は、適性科目で最近取り上げている内容をしっかり勉強する必要があると思います。一方、これまでの適性科目の受験対策書籍は、基礎科目と抱き合わせの過去問題解答集しかないのが現実です。それでは、適性科目の内容を体系的に勉強することはできません。著者は、2011年に『技術士第一次試験「基礎科目」標準テキスト』を出版し、これまでに第4版まで改版を続けています。その書籍は、基礎科目の内容を1冊で勉強できるテキストとなっており、過去問題集とは一線を画したものです。そういった経験を活かして、その姉妹本として本著の初版を2016年に出版しました。本著は、最近の適性科目の出題内容を反映させた改訂2版になります。本著は、初版と同様に、技術者倫理に関係する資料を紹介しながら、受験者に適性科目の内容を体系的に勉強してもらえるように構成してあります。そのため、本著は単に技術士第一次試験の適性科目の受験参考書というだけではなく、これからの技術者に強く求められる技術者倫理の入門書としても役立つものと考えております。

最後に、本著の出版に対して多大なご助力をいただいた、日刊工業新聞社出版局の鈴木徹氏に深く感謝いたします。

2022年8月

福田　遵

目　次

第2章　技術士法第4章と倫理規定　9

第3章　技術者倫理一般　31

第4章　研究活動における倫理　*53*

第5章 法律の遵守 83

第6章　リスクと安全社会　121

第7章　社会的責任とビジネス倫理　155

第8章　環境倫理　177

第 1 章

技術士第一次試験と適性科目

技術士第一次試験は、JABEEの認定コースを卒業していない受験者が、技術士第二次試験を受験するためには不可欠な受験条件になります。技術士第一次試験の合格者は技術士補となることができますが、技術士補は技術士を補助するための資格であり、登録の際に補助する技術士を定め、その人を補助する場合にのみ技術士補としての資格で業務が行えるという仕組みになっています。そのため、あくまでも技術士になるための修習期間中の資格であり、技術士補の資格自体は個人の最終目標とはなりえませんので、基本的には、技術士第一次試験の合格は技術士第二次試験の受験条件と考えた方がよいでしょう。

1. 技術士第一次試験の試験科目

技術士第一次試験は、基礎科目（Ⅰ）、適性科目（Ⅱ）、専門科目（Ⅲ）の3つの科目で合否が判定されます。技術士試験は、第一次試験、第二次試験ともに、科目合格制になっていますので、1つの科目でも失敗すると、そこで不合格が確定します。技術士第一次試験は、**図表 1.1** に示す3つの試験科目で合否が判定されます。

現在の技術士第一次試験では、専門科目（Ⅲ）については、各技術部門の基礎的な分野に出題を重点化するとされています。また、基礎科目（Ⅰ）については、科学技術全般にわたる基礎知識を5つの問題群で出題するとなっており、出題される内容が明記された問題群名称になっています。それに対して、適性

図表 1.1　技術士第一次試験科目

試験科目	問題の内容と種類	出題数	解答数	試験時間	合格基準
基礎科目（Ⅰ）	科学技術全般にわたる基礎知識を問う問題 1. 設計・計画に関するもの 2. 情報・論理に関するもの 3. 解析に関するもの 4. 材料・化学・バイオに関するもの 5. 環境・エネルギー・技術に関するもの	各問題群6問（合計30問）	各問題群3問（合計15問）	1時間	50％
適性科目（Ⅱ）	技術士法第四章（技術士等の義務）の規定の遵守に関する適性を問う問題	15問	15問	1時間	50％
専門科目（Ⅲ）	技術部門に係る基礎知識及び専門知識を問う問題	35問	25問	2時間	50％

科目（Ⅱ）は『技術士法第四章（技術士等の義務）の規定の遵守に関する適性を問う問題』という簡単な説明にとどまっており、実際に出題される内容が不明確な試験科目となっています。

2. 適性科目の出題内容と出題傾向分析

適性科目は、「技術士法第四章（技術士等の義務）の規定の遵守に関する適性を問う問題」を出題するとされていますが、実際には、法令を含めて、広く技術者が順守すべき内容を対象に、受験者が技術士にふさわしい倫理観を保持しているかどうかを試す試験となっています。対象とする法令に関しても、技術士法に限らず、技術者および社会人が社会生活を適切に維持していくうえで知っておかなければならない法令を対象としています。

技術士試験では、第一次試験、第二次試験を問わず、総合点で合否判定を行うのではなく、科目合格制をとっており、技術士第一次試験の科目合格基準は

50％ですので、適性科目でもそこを目標にして勉強しなければなりません。ですから、適性科目では解答する15問の50％を超える点となる８問を確実に取るための勉強を行う必要があります。かつての適性科目試験では、普通の倫理観を備えていれば、感覚的に正答を見つけだせる問題が多く出題されていましたので、特に受験勉強をしなくても８問程度は難なく取れました。しかし、最近では、法律内容やガイドブック等に関しての知識を持っていないと正答が見つけられない問題が増えてきていますし、正しいまたは誤った選択肢がいくつかという正答を見つけにくい出題形式の問題が増えてきています。最近の技術者の倫理喪失に起因した社会的な問題事例が増えてきている状況を鑑みると、このような適性科目の傾向は強まることがあっても、安易に正答が見つけられる問題を増やす方向にはないと考えます。ただし、専門科目や基礎科目ではそれなりに難しい問題が多く出題されており、一定量の勉強が必要な点を考慮すると、適性科目はできるだけ効率よく勉強する必要があります。そういった点で、本著では技術者倫理にかかわる事項を項目別に集約しましたので、ここで説明する内容を読んで理解するだけでも、十分に適性科目の合格点が取れると考えます。

なお、適性科目試験で過去に出題された問題を整理すると、下記の８つの項目に集約できます。

（1）　技術士法第４章と倫理規定

適性科目で最初に出題される問題は、技術士法第４章に関する問題です。そういった点でも、この項目は重要な出題項目といえます。また、技術士倫理綱領や学会等の倫理規定の内容を使った問題もそれに続けて出題されています。問題の難易度としてはやさしいものが多いので、ここでできるだけ点を稼いでおく必要があります。ただし、最近では、この項目の出題数が減少する傾向がみられます。

（2） 技術者倫理一般

技術者倫理一般では、倫理に関する用語や倫理における基本的な考え方に関する問題が出題されています。特に、倫理問題の対象となる公衆とプロフェッショナルの立場の違いなどについても、これまで多くの出題がなされています。また、倫理事象の対応方法などに関しても、これまで出題されています。

（3） 研究活動における倫理

科学技術の高度化が進むとともに、技術がもたらす影響が大きくなる傾向にあります。また、研究者の倫理違反に起因する社会問題が多く聞かれるようになっている現状を反映して、研究活動における倫理教育の強化が進められています。その中には、ガイドブックとして指針を示すような動きが国や学協会でも出てきており、その内容を問題として取り上げるようになってきています。最近では、AIや生命科学に関する倫理が学会等で注目されていますので、出題が増加する傾向にあります。

（4） 法律の遵守

最近では、法令違反の事例も多く報道されるようになってきており、法令遵守という掛け声とはうらはらに、違反行為の実態が明らかになってきています。そういった背景から、適性科目においても、技術者に関係する法律を基に問題を作成する例が増えてきています。多くの技術者や社会人が知っていなければならない法律についての問題ですので、各法律の目的を理解して、適切な判断が行えるようにならなければなりません。

（5） リスクと安全社会

世の中には多くのリスクがあります。そのリスクを適切に評価するために、リスクマネジメントやリスクアセスメントという考え方が強く求められるようになってきています。それに合わせて、適性科目でも具体的な問題が出題されています。最近では、JIS Z8051関連や労働安全衛生関連の法律等の出題が続いていますし、情報セキュリティや災害などについても問題が出題されています。

(6)　社会的責任とビジネス倫理

技術士が高等な専門的応用能力を有したプロフェッショナルであるという点から、最近では、ビジネス倫理に関する問題が出題されています。そのなかでも、技術者が組織に属して業務を遂行する場合が多いために、ハラスメントやダイバーシティなどに関する問題が出題されるようになってきています。さらに、最近では技術者や組織等の社会的責任が重視されるようになっている現状を反映して、社会的責任の認識を問う問題も出題されています。

(7)　環境倫理

技術が進歩していく過程で、新しい技術が環境に大きな影響を与えてきたという事例がこれまでに多くありました。また、地球環境問題の観点からは、持続可能な開発という概念やSDGsに関する知識も技術者には欠かせないものとなっています。地球温暖化問題に対しては、再生可能エネルギーに関する問題が出題されるようになってきていますし、環境関連用語に関する問題も出題されています。

(8)　事例研究

平成13年度試験に初めて適性科目が導入された時期には、短い文章を使った事例問題が多く出題されていました。その後、そういった事例問題は少なくなりましたが、それに代わって、説明文が長くなった事例問題が出題されています。過去に起きた実際事例については、多くの受験者が新聞等である程度知識を得ていると思いますので、ここではあまり範囲を広げることなく、過去に出題された実際の事例と仮想の事例について紹介したいと考えています。

(9)　過去の出題傾向

適性科目で出題されている内容を説明した上記の文章だけでは、実際の出題

図表 1.2　適性科目の出題分野

	技術士法第4章と倫理規定	技術者倫理一般	研究活動における倫理	法律の遵守	リスクと安全社会	社会的責任とビジネス倫理	環境倫理	事例研究
平成28年度	3	2	1	3	2	1	1	2
平成29年度	2	2	1	3	4	2	0	1
平成30年度	6	0	0	5	1	1	1	1
令和元年度	2	2	0	4	3	2	1	1
令和元年度再試験	3	1	3	4	2	0	2	0
令和2年度	2	0	1	4	4	2	1	1
令和3年度	1	2	1	4	3	1	2	1

傾向がわかりませんので、平成28年度～令和3年度試験に適性科目で出題された問題の内容を大まかに分析してみたのが、**図表 1.2** になります。

図表 1.2 を見るとわかるとおり、最近では「法律の遵守」に関する問題が一番多く出題されています。また、社会には多くのリスクが顕在化していますので、「リスクと安全社会」に関する問題も一定量出題されている点も注目されます。一方、適性科目で出題すると示されている技術士第4章に関する問題が急激に出題数を下げています。これらの傾向が、適性科目の難易度を上げていると推察します。

3. 適性科目問題の出題形式

択一式問題は、技術士第一次試験で共通の出題形式ですが、適性科目で出題される問題の出題形式をここで復習しておきましょう。適性科目で出題される問題の出題形式には下記の5種類があります。

（1）　適切なものを答えさせる

適切な内容とともに不適切な内容の選択肢文を作成し、それらの中から適切なものを1つ選ばせる問題です。問題の難易度としてはやさしい問題になりますが、最近では出題数が少なくなる傾向にあります。

(2)　不適切なものを答えさせる

この形式は、倫理的な記述や法律の判断などの記述を列記し、その中に不適切な記述を紛れ込ませておいて、それらの中から不適切なものを1つ選ばせる問題です。○○に含まれないものはどれかという問題もこの形式の問題になります。一般的には、この出題形式は、前述の「適切なものを答えさせる」形式よりも問題が難しくなりますので、合格率を下げる意図がある場合に多くなる傾向があります。かつては結構多く出題されていた出題形式ですが、最近では出題数が減少する傾向にあります。

(3)　○×の正しい組合せを選ばせる

4つから5つ程度の文章を示して、正しいものは○、誤っているものは×として、○×の組み合わせで適切な組合せを選ばせる形式の問題です。適切なものや不適切なものを1つ選ばせると簡単になる問題を、複数の項目の判断の組合せで適切なものを選ばせることで、難易度を高めた問題といえます。適性科目では、最近多く用いられる出題形式です。各選択肢（用語）で2つの内容説明項目（AとB）のどちらが適切かという組合せ問題もこの形式の1つとなります。

(4)　(不) 適切な記述の数を選ばせる

この形式は、10例以内の多くの記述文や単語を示して、その中で適切なものまたは不適切なもの数を選ばせる問題です。記述文の数がいくつでも設定できますので、問題の難易度を例示項目数で変えられます。例示された中には、判断に悩むものがありますので、受験者にとっては、最も解答に苦慮する出題形式といえるでしょう。

(5) 文章内の単語を抜き、そこを穴埋めさせる

この形式は、法律の条文などを示して、その中で重要な単語の部分を（　）で示し、そこに入る単語として正しいものの組合せを、5つの選択肢から選ばせる問題です。この形式は法律などを扱う適性科目では、出題しやすい手法といえます。

(6) 過去の出題形式

平成28年度～令和3年度試験で出題された問題を、出題形式別に整理してみたのが**図表1.3**になります。

図表1.3　出題形式の状況

	適切選択	不適切選択	○×組合せ	(不)適切数	穴埋	合計
平成28年度	1	2	10	1	1	15
平成29年度	3	4	2	4	2	15
平成30年度	0	4	3	4	4	15
令和元年度	0	3	4	7	1	15
2令和元年度再試験	0	0	7	6	2	15
令和2年度	0	2	6	5	2	15
令和3年度	1	1	7	5	1	15
合計	5	16	39	32	13	105

このように、適性科目では、「○×の正しい組合せを選ばせる」問題が最も多く出題されており、技術者倫理を扱うことから、「(不) 適切なものの数を選ばせる」問題がその次に多くなっています。最近では、問題としてやさしい、「適切な記述」や「不適切な記述」の選択肢を答える問題は少なくなってきていますので、適性科目全体としては問題の難易度が上がってきているのがわかります。こういった択一式問題の出題形式の傾向をしっかりつかんで、適性科目の対策を行っておく必要があります。

第2章

技術士法第4章と倫理規定

技術士法第4章に関する問題は、適性科目の最初に出題される傾向があるため、適性科目を有利に展開するためには、落としてはならない問題といえます。この章では、技術士法第4章の内容に加えて、倫理規定（綱領）、技術士CPDガイドラインの内容について示します。

1. 技術士法第4章

適性科目は、出題内容として『技術士法第4章（技術士等の義務）の規定の遵守に関する適性』と示されているとおり、技術士第4章に関する問題は適性科目の代表問題といえます。また、技術士法第4章の内容は、技術士第二次試験の口頭試験でも必ず諮問される事項で、内容を理解していない場合には、口頭試験が不合格とされる重要諮問事項ですので、技術士を目指す人は条文の内容を必ず確認しておかなければなりません。なお、技術士法第4章に関する問題では、条文の中の単語を答えさせる穴埋問題も頻繁に出題されていますし、適切または不適切な選択肢の数を答える問題も出題されています。そのため、条文の概要を覚えていないと解答できない問題と捉えて、技術士法第4章の条文については、概略を覚えておく必要があります。

下記に技術士法第4章の全文を示しますが、これまでに穴埋問題として出題された単語を［　　］で囲ってありますので、そこを重点的に確認しておいてください。

第四章　技術士等の義務

（信用失墜行為の禁止）

第44条　技術士又は技術士補は、技術士若しくは技術士補の信用を傷つけ、又は技術士及び技術士補全体の不名誉となるような行為をしてはならない。

（技術士等の秘密保持義務）

第45条　技術士又は技術士補は、正当の理由がなく、その業務に関して知り得た秘密を漏らし、又は盗用してはならない。技術士又は技術士補でなくなった後においても、同様とする。

（技術士等の公益確保の責務）

第45条の2　技術士又は技術士補は、その業務を行うに当たっては、公共の安全、環境の保全その他の公益を害することのないよう努めなければならない。

（技術士の名称表示の場合の義務）

第46条　技術士は、その業務に関して技術士の名称を表示するときは、その登録を受けた技術部門を明示してするものとし、登録を受けていない技術部門を表示してはならない。

（技術士補の業務の制限等）

第47条　技術士補は、第2条第1項に規定する業務について技術士を補助する場合を除くほか、技術士補の名称を表示して当該業務を行ってはならない。

2　前条の規定は、技術士補がその補助する技術士の業務に関してする技術士補の名称の表示について準用する。

（技術士の資質向上の責務）

第47条の2　技術士は、常に、その業務に関して有する知識及び技能の水準を向上させ、その他その資質の向上を図るよう努めなければならない。

なお、平成元年度の再試験のⅡ―1においては、技術士法第４章の性格について示された問題が出題されていましたので、その内容をここで示します。この問題では、文中で［　　］で囲った言葉を穴埋めする問題として出題されていました。

> **適性科目試験の目的は、法及び倫理という［社会規範］を遵守する適性を測ることにある。**
>
> **技術士第一次試験の適性科目は、技術士法施行規則に規定されており、技術士法施行規則では「法第四章の規定の遵守に関する適性に関するものとする」と明記されている。この法第四章は、形式としては［法規範］であるが、［倫理規範］しての性格を備えている。**

穴埋問題以外の技術士法第４章の問題は、複数の選択肢文の内容が条文に照らして適切か不適切かを判断させ、適切な選択肢数または不適切な選択肢数を答えさせる問題が出題されています。そのため、過去に出題された選択肢文を、技術士法第４章の条文別に、適切なものと不適切なものにわけて整理しました。その際に、適切なものと不適切なものを読み間違えないために、選択肢文の最初に、適切なものには○を、不適切なものには●を付けました。これらの選択肢文を読んでおけば、どういった問題にも対応できると思います。

なお、出題形式の具体例は下記（7）項に例示しましたので参考にしてください。

（1）　信用失墜行為の禁止（第44条）

(a)　適切な記述例

○　技術士又は技術士補は、技術士若しくは技術士補の信用を傷つけ、又は技術士及び技術士補全体の不名誉となるような行為をしてはならない。

○　技術士等は、その業務において、利益相反の可能性がある場合には、説明責任を重視して、雇用者や依頼者に対し、利益相反に関連する情報を開示する。

(b)　不適切な記述例

● 技術士等は、職務上の助言あるいは判断を下すとき、利害関係のある第三者又は組織の意見をよく聞くことが肝要であり、多少事実からの判断と差異があってもやむを得ない。

● 技術士等は、顧客から受けた業務を誠実に実施する義務を負っている。顧客の指示が如何なるものであっても、指示通りに実施しなければならない。

● 技術士は、自分の持つ専門分野の能力を最大限に発揮して業務を行わなくてはならない。また、専門分野外であっても、自分の判断で業務を進めることが求められている。

（2） 技術士等の秘密保持義務（第45条）

(a)　適切な記述例

○ 技術士等は、その業務に関して知り得た情報を顧客の許可なく第三者に提供してはならない。

○ 技術士等の秘密保持義務は、技術士又は技術士補でなくなった後においても守らなければならない。

○ 技術士又は技術士補は、正当の理由がなく、その業務に関して知り得た秘密を漏らし、又は盗用してはならない。技術士又は技術士補でなくなった後においても、同様とする。

○ 業務遂行の過程で与えられる営業機密情報は、発注者の財産であり、技術士等はその守秘義務を負っているが、当該情報を基に独自に調査して得られた情報の財産権は当事者間の協議に委ねられる。

(b)　不適切な記述例

● 技術士等の秘密保持義務は、所属する組織の業務についてであり、退職後においてまでその制約を受けるものではない。

● 業務遂行の過程で与えられる営業機密情報は、発注者の財産であり、技術士等はその守秘義務を負っているが、当該情報を基に独自に調査して得られた情報の財産権は、この限りではない。

● 組織に所属する技術士等が秘密保持義務を負うのは、所属組織が業務を提供する相手である個人又は組織に限定される。

(3) 技術士等の公益確保の責務（第45条の2)

(a) 適切な記述例

○ 技術士等は、関与する業務が社会や環境に及ぼす影響を予測評価する努力を怠らず、公衆の安全、健康、福祉を損なう、又は環境を破壊する可能性がある場合には、自己の良心と信念に従って行動する。

○ 技術士は、部下が作成した企画書を承認する前に、設計、製品、システムの安全性と信頼度について、技術士として責任を持つために自らも検討しなければならない。

○ 技術士等は、その業務を行うに当たっては、公共の安全、環境の保全その他の公益を害することのないよう努めなければならない。

○ 技術士等は、その専門職業上の職務を遂行するにあたり、公衆の安全、健康、福利に対し配慮しなければならない。

○ 技術士等は、公共の安全と環境保全などにかかわる情報については、所属する組織等に速やかに公開するように働きかける義務がある。

(b) 不適切な記述例

● 技術士等は、その業務を行うに当たっては、公共の安全、環境の保全その他の公益を害することのないよう努めなければならないが、顧客の利益を害する場合は守秘義務を優先する必要がある。

● 技術士等は、顧客から受けた業務を誠実に実施する義務を負っている。顧客の指示が如何なるものであっても、守秘義務を優先させ、指示通りに実施しなければならない。

● 企業に属している技術士等は、顧客の利益と公衆の利益が相反した場合には、所属している企業の利益を最優先に考えるべきである。

● 依頼者の意向が技術士等の判断と異なった場合、依頼者の主張が安全性に対し懸念を生じる可能性があるときでも、技術士等は予想される可能性について指摘する必要はない。

（4） 技術士の名称表示の場合の義務（第46条）

(a) 適切な記述例

○ 技術士は、その業務に関して技術士の名称を表示するときは、その登録を受けた技術部門を明示してするものとし、登録を受けていない技術部門を表示してはならない。

○ 技術士は、その義務の実施に当たっては、登録を受けている技術部門を明示しなければならない。

(b) 不適切な記述例

過去に出題例はありません。

（5） 技術士補の業務の制限等（第47条）

(a) 適切な記述例

過去に出題例はありません。

(b) 不適切な記述例

● 技術士は、その業務に関して技術士の名称を表示するときは、その登録を受けた技術部門を明示するものとし、登録を受けていない技術部門を表示してはならないが、技術士を補助する技術士補の技術部門表示は、その限りではない。

● 企業に所属している技術士補は、顧客がその専門分野能力を認めた場合は、技術士補の名称を表示して技術士に代わって主体的に業務を行ってよい。

● 技術士補は、顧客がその専門分野能力を認めた場合は、技術士に代わって主体的に業務を行い、成果を納めてよい。

（6） 技術士の資質向上の責務（第47条の2）

(a) 適切な記述例

○ 技術は日々変化、進歩している。技術士は、常に、その業務に関して有する知識及び技能の水準を向上させ、名称表示している専門技術業務領域の能力開発に努めなければならない。

○　技術は日々変化、進歩している。技術士は、名称表示している専門技術業務領域を能力開発することによって、業務領域を拡大することができる。

○　技術士は、自分の専門領域の能力向上だけではなく、その他の資質の向上に努めなければならない。

○　技術士等は、継続的な能力開発が必要であり、高度な職能を維持しなくてはならない。

(b)　不適切な記述例

●　技術士は、その登録を受けた技術部門に関しては、充分な知識及び技能を有しているので、その登録部門以外に関する知識及び技能の水準を重点的に向上させなければならない。

(7)　技術士法第４章の問題例

ここで、実際に出題された問題例を示します。この問題は令和３年度試験に出題された問題になります。

□　技術士法第４章に規定されている、技術士等が求められている義務・責務に関わる次の（ア）～（キ）の記述のうち、あきらかに不適切なものの数を選べ。

なお、技術士等とは、技術士及び技術士補を指す。（令和３年度Ⅱ—1）

（ア）技術士等は、その業務に関して知り得た情報を顧客の許可なく第三者に提供してはならない。

（イ）技術士等の秘密保持義務は、所属する組織の業務についてであり、退職後においてまでその制約を受けるものではない。

（ウ）技術士等は、顧客から受けた業務を誠実に実施する義務を負っている。顧客の指示が如何なるものであっても、指示通り実施しなければならない。

（エ）技術士等は、その業務を行うに当たっては、公共の安全、環境の保全その他の公益を害することのないよう努めなければならないが、顧客の利益を害する場合は守秘義務を優先する必要がある。

（オ）技術士は、その業務に関して技術士の名称を表示するときは、その登録を受けた技術部門を明示するものとし、登録を受けていない技術部門を表示してはならないが、技術士を補助する技術士補の技術部門表示は、その限りではない。

（カ）企業に所属している技術士補は、顧客がその専門分野能力を認めた場合は、技術士補の名称を表示して技術士に代わって主体的に業務を行ってよい。

（キ）技術は日々変化、進歩している。技術士は、常に、その業務に関して有する知識及び技能の水準を向上させ、名称表示している専門技術業務領域の能力開発に努めなければならない。

① 7　② 6　③ 5　④ 4　⑤ 3

なお、この問題で不適切なのは、次の5つですので、正答は③になります。

（イ）第45条の後半文に反しますので、不適切です。

（ウ）公益を害する指示には従うべきではないので、不適切です。

（エ）公益を害する場合には、守秘義務よりも公益確保が優先されますので、不適切です。

（オ）第47条の第2項に「前条（第46条）の規定は（中略）技術士補の名称表示について準用する。」と規定されていますので、不適切です。

（カ）第47条の規定に反しますので、不適切です。

また、技術法第4章の問題としては、隔年のように穴埋問題が出題されていますので、その例を下記に示します。

□　次に掲げる技術士法第四章において、［ア］～［キ］に入る語句の組合せとして、最も適切なものはどれか。（令和２年度Ⅱ―1）

《技術士法第四章　技術士等の義務》
（信用失墜行為の禁止）
第44条　技術士又は技術士補は、技術士若しくは技術士補の信用を傷つけ、又は技術士及び技術士補全体の不名誉となるような行為をしてはならない。
（技術士等の秘密保持［ア］）
第45条　技術士又は技術士補は、正当の理由がなく、その業務に関して知り得た秘密を漏らし、又は盗用してはならない。技術士又は技術士補でなくなった後においても、同様とする。
（技術士等の［イ］確保の［ウ］）
第45条の２　技術士又は技術士補は、その業務を行うに当たっては、公共の安全、環境の保全その他の［イ］を害することのないよう努めなければならない。
（技術士の名称表示の場合の［ア］）
第46条　技術士は、その業務に関して技術士の名称を表示するときは、その登録を受けた［エ］を明示してするものとし、登録を受けていない［エ］を表示してはならない。
（技術士補の業務の［オ］等）
第47条　技術士補は、第２条第１項に規定する業務について技術士を補助する場合を除くほか、技術士補の名称を表示して当該業務を行ってはならない。
２　前条の規定は、技術士補がその補助する技術士の業務に関してする技術士補の名称の表示について［カ］する。

(技術士の［ キ ］向上の［ ウ ］)

第47条の2　技術士は、常に、その業務に関して有する知識及び技能の水準を向上させ、その他その［ キ ］の向上を図るよう努めなければならない。

	ア	イ	ウ	エ	オ	カ	キ
①	義務	公益	責務	技術部門	制限	準用	能力
②	責務	安全	義務	専門部門	制約	適用	能力
③	義務	公益	責務	技術部門	制約	適用	資質
④	責務	安全	義務	専門部門	制約	準用	資質
⑤	義務	公益	責務	技術部門	制限	準用	資質

なお、この問題の正答は⑤になります。

2. 倫理規定（綱領）

技術者は、特定技術分野のプロフェッショナルであるため、利益を求める職業者としての立場と、技術を追求する個人の立場の両面が必ず存在します。そういった場合に、利益相反となる場面は少なくありません。また、多くの技術者は組織に属しているため、組織の利益または顧客の利益と技術者倫理との間に相反問題が発生する可能性も少なくありません。そのような場面で技術者を助けてくれるのが倫理規定といわれています。特に、学会の倫理規定は、同じ専門家が共通に守るべき指針を提供してくれるため有効だとされています。そういった点で、倫理規定は技術者に倫理問題に関する判断基準を提供してくれるものといえます。そのため、倫理規定に違反するような行為を強要された場合には、倫理規定を盾として、「違反行為を行うわけにはいかない！」という明確な反応ができる基準とされています。しかし、倫理規定がすべての事項を網羅できるわけではなく、基本的な事項に限定されるという欠点を持っている点は否めません。また、倫理規定の内容は社会の変化とともに変化を遂げていかなければならないのも事実です。

（1）　団体の倫理規定で対象とされている項目

技術者団体の倫理規定で対象とされている項目を整理すると、次の 14 項目に集約されます。

① 安全、健康、福利の確保
② 社会と環境の保全（持続可能な社会）
③ 秘密保持と情報公開（説明責任）
④ 正直性と誠実性
⑤ 継続教育と人材育成
⑥ 責任感
⑦ 中立公正・公平
⑧ 知的成果の尊重
⑨ 技術発展と社会貢献
⑩ 法律・規定の順守
⑪ 契約の明文化と適切な履行
⑫ 適切な報酬
⑬ 有能な領域と技術者の相互協力
⑭ 自由競争、誇大広告の禁止

なお、実際に問題として出題された倫理規定等の表現や狙いでは次のように示されています。

なお、これらはすべて適切な内容として出題されています。

○　一般社会と集団組織との「契約」に関する明確な意思表示
○　集団組織のメンバーが目指すべき理想の表明

○ 倫理的な行動に関する実践的なガイドラインの提示
○ 集団組織の将来メンバーを教育するためのツール
○ 集団組織の在り方そのものを議論する機会の提供
○ 職務遂行においては公衆の安全、健康、福利を最優先に考慮する
○ 事実及び専門家としての知識と良心に基づく判断をする
○ 能力の継続的研鑽に努める
○ 社会・公衆に対する説明責任を果たす
○ 他者の知的成果、知的財産を尊重する

これまでに適性科目で出題された理工系学協会の倫理規定を踏まえた問題の選択肢文を適切な記述例と不適切な記述例にわけて整理すると、次のようになります。なお、適切なものと不適切なものを読み間違えないために、選択肢文の最初に、適切なものには○を、不適切なものには●を付けてあります。

(a) 適切な記述例

○ 技術者は、製品、技術および知的生産物に関して、その品質、信頼性、安全性、および環境保全に対する責任を有する。また、職務遂行においては常に公衆の安全、健康、福祉を最優先させる。

○ 技術者は、人種、性、年齢、地位、所属、思想・宗教などによって個人を差別せず、個人の人権と人格を尊重する。

○ 技術者は、不正行為を防止する公正なる環境の整備・維持も重要な責務であることを自覚し、技術者コミュニティおよび自らの所属組織の職務・研究環境を改善する取り組みに積極的に参加する。

○ 技術者は、自己の専門知識と経験を生かして、将来を担う技術者・研究者の指導・育成に努める。

○ 技術者は、知識や技能の水準を向上させるとともに資質の向上を図るために、組織内のみならず、積極的に組織外の学協会などが主催する講習会などに参加するよう努めることが望ましい。

○ 技術者は、法や規制がない場合でも、公衆に対する危険を察知したならば、

それに対応する責務がある。

○　技術者は、自らが所属する組織において、倫理にかかわる問題を自由に話し合い、行動できる組織文化の醸成に努める。

○　技術者に必要な資質能力には、専門的学識能力だけでなく、倫理的行動をとるために必要な能力も含まれる。

○　技術者のような専門知識を持つ者には、法の順守に加えて高い倫理観を有することが必要である。たとえ法による規制がない場合でも、公衆に対する危険を察知したならば、それに対応する責務が技術者にはある。

○　技術者は、公衆、雇用者、顧客に対して誠実に対応することを通じて、技術専門職としての品位及び信頼を維持向上させることに努める。

○　技術者は、職務の遂行に際して、不当な対価を直接又は間接に、与え、求め、又は受け取らない。

(b)　不適切な記述例

●　技術者は、研究・調査データの記録保存や厳正な取扱いを徹底し、ねつ造、改ざん、盗用などの不正行為をなさず、加担しない。ただし、顧客から要求があった場合は、要求に沿った多少のデータ修正を行ってもよい。

●　技術者は、倫理綱領や倫理規程等に抵触する可能性がある場合、即時、無条件に情報を公開しなければならない。

●　技術者の多くは、企業に所属する従業員である。従業員は、雇用主である企業との間に雇用契約を結んでいる。したがって、従業員にとっての誠実な行動とは、雇用主である企業に対する誠実な行動のみを意味している。

●　技術者は、公衆の安全、健康、福祉を損なう、又は環境を破壊する可能性がある場合には、即時、無条件に情報を公開する。

●　企業は、発注者に対して受注した業務を遂行し成果を納品する義務を負っている。したがって、発注者の指示の中に法令に違反する内容が含まれていても、責任は発注者にあるので、技術者は、指示どおりに実施しても問題とはならない。

●　技術者は、所属企業の著作権侵害を見つけた場合、上司に相談し、その判断に疑問があってもその指示に従わなければならない。

(c) 穴埋問題の例

技術者倫理規定の穴埋問題としては、次のようなものが出題されています。

□ 次の記述は、日本のある工学系学会が制定した行動規範における、［前文］の一部である。［　］に入る語句の組合せとして、最も適切なものはどれか。(平成30年度Ⅱ—5)

会員は、専門家としての自覚と誇りをもって、主体的に［ ア ］可能な社会の構築に向けた取組みを行い、国際的な平和と協調を維持して次世代、未来世代の確固たる［ イ ］権を確保することに努力する。また、近現代の社会が幾多の苦難を経て獲得してきた基本的人権や、産業社会の公正なる発展の原動力となった知的財産権を擁護するため、その基本理念を理解するとともに、諸権利を明文化した法令を遵守する。

会員は、自らが所属する組織が追求する利益と、社会が享受する利益との調和を図るように努め、万一双方の利益が相反する場合には、何よりも人類と社会の［ ウ ］、［ エ ］および福祉を最優先する行動を選択するものとする。そして、広く国内外に眼を向け、学術の進歩と文化の継承、文明の発展に寄与し、［ オ ］な見解を持つ人々との交流を通じて、その責務を果たしていく。

	ア	イ	ウ	エ	オ
①	持続	生存	安全	健康	同様
②	持続	幸福	安定	安心	同様
③	進歩	幸福	安定	安心	同様
④	持続	生存	安全	健康	多様
⑤	進歩	幸福	安全	安心	多様

この内容は、著者も所属する一般社団法人電気学会の「電気学会行動規範」の前文の一部を使った問題になります。なお、この問題の正答は④になります。

（２）技術士倫理綱領

日本技術士会の倫理規定は、「技術士倫理綱領」という名称で、次の内容が定められています。なお、「技術士倫理綱領」は改訂案が検討されており、2023年３月までに制定されると公表されていますので、日本技術士会のホームページで最新版を確認するようにしてください。

技術士倫理綱領

昭和36年３月14日　理事会制定
平成11年３月９日　理事会変更承認
平成23年３月17日　理事会変更承認

【前文】

技術士は、科学技術が社会や環境に重大な影響を与えることを十分に認識し、業務の履行を通して持続可能な社会の実現に貢献する。

技術士は、その使命を全うするため、技術士としての品位の向上に努め、技術の研鑽に励み、国際的な視野に立ってこの倫理綱領を遵守し、公正・誠実に行動する。

【基本綱領】

（公衆の利益の優先）

１．技術士は、公衆の安全、健康及び福利を最優先に考慮する。

（持続可能性の確保）

２．技術士は、地球環境の保全等、将来世代にわたる社会の持続可能性の確保に努める。

（有能性の重視）

３．技術士は、自分の力量が及ぶ範囲の業務を行い、確信のない業務には携わらない。

（真実性の確保）

4．技術士は、報告、説明又は発表を、客観的でかつ事実に基づいた情報を用いて行う。

（公正かつ誠実な履行）

5．技術士は、公正な分析と判断に基づき、託された業務を誠実に履行する。

（秘密の保持）

6．技術士は、業務上知り得た秘密を、正当な理由がなく他に漏らしたり、転用したりしない。

（信用の保持）

7．技術士は、品位を保持し、欺瞞的な行為、不当な報酬の授受等、信用を失うような行為をしない。

（相互の協力）

8．技術士は、相互に信頼し、相手の立場を尊重して協力するように努める。

（法規の遵守等）

9．技術士は、業務の対象となる地域の法規を遵守し、文化的価値を尊重する。

（継続研鑽）

10．技術士は、常に専門技術の力量並びに技術と社会が接する領域の知識を高めるとともに、人材育成に努める。

（3） 国家公務員倫理規定

国家公務員に対しては、国家公務員倫理規定が設けられており、それに基づいて倫理的な判断が行われます。国家公務員に禁止されている行為については、大きく相手が利害関係者かそれ以外かによって変わってきます。

利害関係者とは、「特定の事務の相手方となる事業者等又は個人」をいいます。

また、特定の事務とは、次のようなものをいいます。

【特定の事務】
許認可等、補助金等の交付、立入検査、監査または監察、不利益処分、行政指導、事業の発達、改善及び調整に関する事務、契約　など

なお、禁止行為として次のような事項が挙げられています。

①　利害関係者から金銭、物品等の贈与を受ける。
②　利害関係者から金銭の貸付けを受ける。
③　利害関係者から無償で物品等の貸付けを受ける。
④　利害関係者から無償でサービスの提供を受ける。
⑤　利害関係者から未公開株式を譲り受ける。
⑥　利害関係者から供応接待を受ける。
⑦　利害関係者と共に遊戯・ゴルフをする。
⑧　利害関係者と共に旅行をする。
⑨　利害関係者をして第三者に対して上記行為をさせる。

国では、上記のように、やってはいけないことを対象にする倫理を「狭義の公務員倫理」としており、これに対して、やったほうが望ましいことや姿勢や心構えを対象にしたものを、「広義の公務員倫理」と定義しています（**図表 2.1** 参照）。

図表 2.1　狭義の公務員倫理と広義の公務員倫理

狭義の公務員倫理	広義の公務員倫理
公務員としてやらなくてはいけないこと 公務員としてやってはいけないこと	公務員としてやった方が望ましいこと 公務員として求められる姿勢や心構え

技術者倫理においても、同様な考え方があり、「予防倫理」と「志向倫理」といわれています。その違いを**図表 2.2** に示します。

図表 2.2　予防倫理と志向倫理

予防倫理	志向倫理
してはならないこと 消極的倫理 内向きの倫理 前例に基づく倫理	為したいこと 積極的倫理 外向きの倫理 創造する倫理

3. 技術士 CPD ガイドライン

技術者がその能力的な面で適格性を維持していくためには、その技術レベルを維持、さらには進歩させていく必要があります。少なくとも、技術の世界は日進月歩であり、継続的に新しい知識を吸収していかなければ、適格性を維持できないといえます。それは、技術士法第 47 条の 2 の「技術士の資質向上の責務」にも沿ったものです。令和 3 年 4 月 26 日には、「技術士の資質向上に関する継続研さん活動の実績の管理及び活用について（通知）」が出され、実績簿の作成等が行われるようになってきました。公益社団法人日本技術士会では、継続研鑽を進めていくために、「技術士 CPD ガイドライン Ver. 1.1」（2021 年 9 月 8 日）を発行しています。その中で、技術士のキャリア形成に必要な CPD 時間として、次の CPD 時間を示しています。

① 基準 CPD 時間（年間 20CPD 時間）：資質能力の維持のために必要な CPD 時間

② 推奨 CPD 時間（年間 50CPD 時間）：高度なエンジニアとして必要な CPD 時間

（注：年間 50CPD 時間のうち技術者倫理 1CPD 時間以上）

これから技術士を目指す皆さんも、技術士となった暁には、こういった CPD 時間を意識しながら研鑽を積んでください。

（1）　技術士の責務及び CPD 活動の目的

本ガイドラインでは、技術士の責務及び CPD 活動の目的を次のように示しています。

> 技術士資格は、技術士の専門知識や技術力、高い倫理観といった資質能力を客観的に保証する意義を有しており、個々の技術士は、社会ニーズの変化に的確に対応できるよう、日々自己研さんを積み、最新の知識・技術を身につけて、業務の質を維持する責務を有する。技術士の CPD 活動は、技術士資格取得後もその資質能力を維持するだけでなく、更に向上させることを目的とするものである。よって、個々の技術士の CPD 活動は、各技術士が自身の生涯を通じたキャリア形成を見据えて、自らの意思で主体的に業務履行上必要な知識を深め、技術を修得することが求められる。
>
> 〔出典：技術士 CPD ガイドライン Ver. 1.1〕

（2）　技術士に求められる資質能力

技術士に求められる資質能力（コンピテンシー）として**図表 2.3** の内容が示されています。

（3）　CPD 活動の資質区分

技術士に求められる資質能力（コンピテンシー）は大きく専門的学識及び一般共通資質の２つに区分にわけることができるとされており、専門的学識を**図表 2.4** に示すとおり４つの項目にわけているので、合計 10 資質項目となっています。

図表 2.3　技術士に求められる資質能力（コンピテンシー）

キーワード	解説
専門的学識	・技術士が専門とする技術分野（技術部門）の業務に必要な、技術部門全般にわたる専門知識及び選択科目に関する専門知識を理解し応用すること。 ・技術士の業務に必要な、我が国固有の法令等の制度及び社会・自然条件等に関する専門知識を理解し応用すること。
問題解決	・業務遂行上直面する複合的な問題に対して、これらの内容を明確にし、調査し、これらの背景に潜在する問題発生要因や制約要因を抽出し分析すること。 ・複合的な問題に関連して、相反する要求事項（必要性、機能性、技術的実現性、安全性、経済性等）、それらによって及ぼされる影響の重要度を考慮した上で、複数の選択肢を提起し、これらを踏まえた解決策を合理的に提案し、又は改善すること。
マネジメント	・業務の計画・実行・検証・是正（変更）等の過程において、品質、コスト、納期及び生産性とリスク対応に関する要求事項、又は成果物（製品、システム、施設、プロジェクト、サービス等）に係る要求事項の特性（必要性、機能性、技術的実現性、安全性、経済性等）を満たすことを目的として、人員・設備・金銭・情報等の資源を配分すること。
評価	・業務遂行上の各段階における結果、最終的に得られる成果やその波及効果を評価し、次段階や別の業務の改善に資すること。
コミュニケーション	・業務履行上、口頭や文書等の方法を通じて、雇用者、上司や同僚、クライアントやユーザー等多様な関係者との間で、明確かつ効果的な意思疎通を行うこと。 ・海外における業務に携わる際は、一定の語学力による業務上必要な意思疎通に加え、現地の社会的文化的多様性を理解し関係者との間で可能な限り協調すること。
リーダーシップ	・業務遂行にあたり、明確なデザインと現場感覚を持ち、多様な関係者の利害等を調整し取りまとめることに努めること。 ・海外における業務に携わる際は、多様な価値観や能力を有する現地関係者とともに、プロジェクト等の事業や業務の遂行に努めること。
技術者倫理	・業務遂行にあたり、公衆の安全、健康及び福利を最優先に考慮した上で、社会、文化及び環境に対する影響を予見し、地球環境の保全等、次世代に渡る社会の持続性の確保に努め、技術士としての使命、社会的地位及び職責を自覚し、倫理的に行動すること。 ・業務履行上、関係法令等の制度が求めている事項を遵守すること。 ・業務履行上行う決定に際して、自らの業務及び責任の範囲を明確にし、これらの責任を負うこと。

〔出典：技術士 CPD ガイドライン Ver.1.1〕

図表 2.4　CPD 活動の資質区分と資質項目

資質区分	資質項目
A. 専門的学識	1-1 技術部門全般
	1-2 専門（選択）科目
	1-3 法令・規格等の制度
	1-4 社会・自然条件
B. 一般共通資質	2 問題解決
	3 マネジメント
	4 評価
	5 コミュニケーション
	6 リーダーシップ
	7 技術者倫理

〔出典：技術士 CPD ガイドライン Ver.1.1〕

（4） CPD に関する問題例

CPD に関する問題例として、次のものがあります。

□　技術士や技術者の継続的な資質向上のための取組を CPD（Continuing Professional Development）と呼ぶが、次の（ア）～（エ）の記述について、正しいものは○、誤っているものは×として、最も適切な組合せはどれか。（平成 28 年度Ⅱ—2）

（ア）技術者は CPD への取組を記録し、その内容について証明可能な状態にしておく必要があるとされるので、記録や内容の証明がないものは実施の事実があったとしても CPD として有効と認められない場合がある。

（イ）技術士は常に CPD によって、業務に関する知識及び技能の水準を向上させる努力をすることが求められている。

（ウ）技術提供サービスを行うコンサルティング企業に勤務し、日常の業務として自身の技術分野に相当する業務を遂行しているのであれば、それ自体がCPDの要件をすべて満たしている。

（エ）CPDへの適切な取組を促すため、それぞれの学協会は積極的な支援を行うとともに、質や量のチェックシステムを導入して、資格継続に制約を課している場合がある。

	ア	イ	ウ	エ
①	×	○	×	○
②	×	○	○	×
③	○	○	×	○
④	○	○	×	×
⑤	○	×	○	○

CPD活動の資質項目は図表2.4に示されているとおりですので、ウは誤っています。その他の選択肢の内容は正しいので、この問題の正答は③になります。

第3章

技術者倫理一般

適性科目で出題される内容は、基本的に技術者倫理になります。技術者倫理を考えるためには、倫理とはどういったものかという認識を持つ必要がありますので、倫理に関する基礎知識、公衆と専門家、予防倫理について再確認してみたいと思います。

1. 倫理に関する基礎知識

倫理という言葉を聞いても、個人でその理解が違いますので、ここで倫理について確認しておきましょう。

（1） 倫理とは

倫理を説明する文章には、人倫、道徳、規範などという言葉がありますので、それらを含めて、それぞれどういった意味なのかを、広辞苑第七版の記述を参考として確認してみます。

① 倫理

人倫のみち。実際道徳の規範となる原理。道徳。

② 人倫

人と人との秩序関係。君臣・父子・夫婦など、上下・長幼などの秩序。転じて、人として守るべき道。人としての道。

③　道徳

人のふみ行うべき道。ある社会で、その成員の社会に対する、あるいは成員相互間の行為の善悪を判断する基準として、一般に承認されている規範の総体。法律のような外面的強制力や適法性を伴うものでなく、個人の内面的な原理。今日では、自然や文化財や技術品など、事物に対する人間の在るべき態度もこれに含まれる。

④　規範

のっとるべき規則。判断・評価または行為などの拠るべき手本・基準。

(以上、広辞苑第七版より引用)

これらの言葉の意味を頭に入れて、これから技術者倫理について考えていきたいと思います。

倫理を実行するということが、現代社会では強く求められていますが、倫理を実行することへの障害も多く存在しています。そういった状況を含めて、倫理実行のための知識や心構えが技術者に求められています。また、倫理思考にはアルゴリズムはないといわれていますので、倫理教育を行う場合は、他の技術系科目や専門教育とは違った手法や教育内容を考えなければなりません。

倫理の規範として古くから知られているものとして、黄金律があります。黄金律は、「自分が人からしてもらいたいと思うことを人にもしなさい。」とか、逆に「自分が人からしてもらいたくないと思うことを、人にもしてはならない。」という考え方です。これは倫理において重要な考え方ですが、残念ながら、この考え方だけでは技術者倫理問題を処理することはできません。

(2)　倫理問題への対処法

倫理学には大きく2つの学派があり、『規範倫理学』では、「倫理学の目的は、人間がよく生きるための道徳原理や規範を提示し、その正当性を根拠づけることにある。」とし、永遠不変なものとする立場をとっています。もう一方の『記述倫理学』では、「倫理学の目的は、道徳や習俗を社会現象として捉えて、その事実を記述すること。」と考え、歴史的に発展的なものとする立場をとっています。このように、倫理に対する考え方も一本化されているとはいえません。

なお、倫理問題は線引き問題と利益相反問題に大別されますが、利益相反問題を解決する手法の1つとして、「功利主義」という考え方があります。功利主義という名称だけを聞くと、「功利を一切の価値の原理と考える」という意味と誤解するかも知れませんが、倫理問題における功利主義とは、倫理問題を解決すると考えられる方法がいくつか見つかった場合に、その中で、快楽の増大と苦痛の減少を道徳の基礎と考え、「最大多数の最大幸福」を実現する方法がどれかを選択する手法と言い換えられます。そのため、「功利主義」は「福利主義」ともいわれています。

この功利主義が全体利益の最大化を重視している点を批判して唱えられたのが正義論です。正義論はジョン・ロールズが提唱したもので、全体利益の最大化によって被る少数者の不利益を許さないという考え方で、得られた富をどのように分配するのが公平かを考えるべきとしています。また、イマニュエル・カントは、道徳的な価値は主観や功利ではなく、誰でもが守らなければならない普遍的な道徳律に基づいてなされるべきであるという義務論を提唱しています。

なお、功利主義に関する出題例として、次のものがあります。

□　倫理問題への対処法としての功利主義と個人尊重主義は、ときに対立することがある。次の記述の、［　　］に入る語句の組合せとして、最も適切なものはどれか。(平成29年度Ⅱ—13)

倫理問題への対処法としての「功利主義」とは、19世紀のイギリスの哲学者であるベンサムやミルらが主張した倫理学説で、「最大多数の最大幸福」を原理とする。倫理問題で選択肢がいくつかあるとき、そのどれが最大多数の最大幸福につながるかで優劣を判断する。しかしこの種の功利主義のもとでは、特定個人への［　ア　］が生じたり、個人の権利が制限され

たりすることがある。一方、「個人尊重主義」の立場からは、個々人の権利はできる限り尊重すべきである。功利主義においては、特定の個人に犠牲を強いることになった場合には、個人尊重主義と対立することになる。功利主義のもとでの犠牲が個人にとって［　イ　］できるものかどうか。その確認の方法として、「黄金律」テストがある。黄金律とは、「自分の望むことを人にせよ」あるいは「自分の望まないことを人にするな」という教えである。自分がされた場合には憤慨するようなことを、他人にはしていないかチェックする「黄金律」テストの結果、自分としては損害を［　イ　］できないとの結論に達したならば、他の行動を考える倫理的必要性が高いとされる。また、重要なのは、たとえ「黄金律」テストで自分でも［　イ　］できる範囲であると判断された場合でも、次のステップとして「相手の価値観においてはどうだろうか」と考えることである。

以上のように功利主義と個人尊重主義とでは対立しうるが、権利にもレベルがあり、生活を維持する権利は生活を改善する権利に優先する。この場合の生活の維持とは、盗まれない権利、だまされない権利などまでを含むものである。また、［　ウ　］、［　エ　］に関する権利は最優先されなければならない。

	ア	イ	ウ	エ
①	不利益	無視	安全	人格
②	不道徳	許容	環境	人格
③	不利益	許容	安全	健康
④	不道徳	無視	環境	健康
⑤	不利益	許容	環境	人格

アの不利益、イの許容は容易に想定できますので、③か⑤が正答であるところまでは、想定できます。問題はウとエの組合せですが、「生活を維持する権利」として、人格は不適切ですので、安全と健康の組合せである③が最も適切

と考えられます。

（3）　倫理一般に関する出題例

倫理一般に関連して出題された問題の選択肢を、適切な記述例と不適切な記述例にわけて整理すると、次のようになります。なお、適切なものと不適切なものを読み間違えないために、選択肢文の最初に、適切なものには○を、不適切なものには●を付けてあります。

(a)　適切な記述例

○　自分や他人が下した直観的倫理的判断を、その根拠にさかのぼって考えることで、批判的に検討することが大切であり、倫理原理は、われわれの直観的判断の再検討などの作業を行うための道具にもなり得る。

○　倫理原理に関しては、倫理的行為の目的を「最大多数の最大幸福」の実現に置くか、たとえ社会全体の幸福量が大きくならなくても厳守すべき、もっと重要な「義務」があると考えるか、又は、義務以上の「有徳さ」に注目するか等で、違いが生じる。

○　いわゆる功利主義原理は、行為の動機や人々の有徳さよりも、行為の結果や人々の幸福を重視する原理である。

○　功利主義原理については、公共の利益のためには少数の人の不利益は我慢すべきものだと考えられやすいとの指摘が存在する。

(b)　不適切な記述例

●　それぞれの倫理原理には長所と短所があり、それぞれの倫理原理は互いに補い合っているように見えるが、「唯一正しい倫理原理が存在すべきである」というのが技術者倫理における共通見解である。

●　技術者は、科学技術の専門職として科学技術を利用する業務に従事し、その関係で生じる危害を抑止することができる立場にある。しかし、技術者は、自分の専門能力を発揮すればよく、公衆の安全、健康および福利を図ることまでは求められていない。

（4） コンプライアンス

最近では、企業などの組織が法律などの社会規範を積極的に遵守しようという指向が高まっています。その活動は、アカウンタビリティ（説明責任）やステークホルダー（広い意味での利害関係者）などの言葉と同様に、日本語への翻訳が困難であるとして、コンプライアンス（企業倫理）と呼ばれています。コンプライアンスは、法令や社内規定、安全行動などに関する適切なマニュアルなどのルールを遵守する活動といえます。そういった活動が企業内で適切に行われるよう、多くの企業や組織でコンプライアンスプログラムとよばれる行動憲章や行動指針、マニュアルなどを備える動きにあらわれています。これは法令遵守プログラムとよばれることもありますが、法律だけではなく、倫理を含む社会規範を遵守するものと考える必要があります。そういった行動の実施が、現在は、企業や組織のCSR（社会的責任）と考えられる社会になってきています。

コンプライアンスと説明責任に関連して出題された問題の選択肢を、適切な記述例と不適切な記述例にわけて整理すると、次のようになります。なお、適切なものと不適切なものを読み間違えないために、選択肢文の最初に、適切なものには○を、不適切なものには●を付けてあります。

(a)　適切な記述例

○　技術者倫理では、法を守ることは当然のこととされているが、技術者のような専門職、専門的知識を持つ者には、それに加えて高い倫理観が必要である。たとえ法による規制がない場合でも、公衆に対する危険を察知したならば、それに対応する責務が技術者にはある。

○　技術者倫理では、法を守ることは当然のこととされているが、法に不合理な点があると信じれば、法の専門家などによく相談し、積極的に法の改定について意見を述べていく必要が生じる場合もありうる。

○　いわゆる倫理綱領ないし倫理規程は、基本的に各団体内部で共有されるものであり、たとえばA学会の倫理綱領ないし倫理規程は、たとえB学会の会員の参考になりはしても、B学会員に強制するわけにはいかない。

○　規範は、人が守る「きまり」で、技術者の周囲には、法（憲法、法令など）、企業や技術者団体等の定款、規則、外部との契約書、業務上のマニュアルなどがあるが、倫理、社会慣習も規範に含まれる。

○　技術者は、科学技術の専門職として科学技術を利用する業務に従事し、その関係で生じる危害を抑止することができる立場にあると見なされ、技術者には、公衆の安全、健康及び福利を図ることが求められている。

○　英語の「コンプライアンス」（compliance）は、日本では「法令遵守」又は「法令順守」と表記されることも多いが、「コンプライアンス」において遵守ないし順守すべき対象は本来、法令に絞られるわけではない。

○　英語のコンプライアンス（compliance）は、新聞などマスメディアでもしばしば「コンプライアンス（法令遵守又は法令順守）」と表記される。どの国でもコンプライアンスの対象に法令を含むのは事実だが、日本ではもっぱら法令に絞られて受け入れられたところに、歪みがある。

(b)　不適切な記述例

●　技術者倫理では、法を守ることは当然のこととされているが、技術者は、それに加えて、法の網の目をくぐってコストを削減することも考えなければならない。それによって安全性を犠牲にすることになったとしても、法には反しておらず、問題はない。

●　社内で法令違反があるときには、発覚して公になることは社のダメージになるので、「やったことより見つかることの方が問題である」という考えを社内で共有し、今後の再発防止に努めることが肝要である。

●　規範は、人が守る「きまり」で、技術者の周囲には、法（憲法、法令など）、企業や技術者団体等の定款・規則、外部との契約書、業務上のマニュアルなどがあるが、倫理、社会慣習は規範に含まれない。

2. 公衆とプロフェッショナル

技術は、人間が生きていくうえでの利便性と効率性に貢献してきました。それによって、人間生活は快適さを増してきましたし、人類の活動範囲も広がってきました。しかし、その快適化や効率化とともに、さまざまな問題をこれまで投げかけてきました。基本的に技術は、常に人の役に立つ部分（陽の面）と人類の脅威となる部分（陰の面）を持っています。技術者はどうしても、その陽の面を中心に見てしまう傾向にありますが、これからは、技術者には技術が持つ陰の面についてもしっかりと見る姿勢が求められています。そういった点で、技術者倫理を考える場合には、技術者から影響を受ける人たちである公衆と技術者の関係を考えなければなりません。

（1） 公衆とは

技術者と公衆は、時として対立関係で表現されます。公衆についての定義としては、広辞苑第七版には、「社会一般の人々」とか、「社会学で、広い地域に散在しながらも、マスメディアなどを通じた間接的なコミュニケーションによって世論を形成する人々の集合体」と示されています。しかし、これでは技術者倫理を考える上では、決して適切な定義とはいえないでしょう。技術者倫理に関して公衆を定義したものとして、『公衆とは、情報、技術的知識、あるいは熟慮する時間を十分に持っていないために、技術者または、その依頼者や使用者が行使する権限によって、多少なりとも傷付けられやすくなっている人々』という定義が広く用いられています。この定義の方が、技術者倫理を考える上では、公衆を的確に表していると考えられます。過去に出題された問題の正答例の言葉で言い換えると、『よく知らされたうえでの同意を与えることができない人々』となります。この定義では、技術者であっても、全く違った技術分野から被害を受けた場合には、その技術者も公衆の一部とみなされます。また、加害者となった技術者と同じ組織にいた人でも、それについて知らされていない状態で被害を受けた場合には、そういった人も公衆とみなされます。

（2） プロフェッショナル（専門職業人）とは

技術者は、その人が持つ専門技術を使って社会に貢献する職業です。しかし、単に技術者であるからといって、プロフェッショナルであるかどうかは別物です。プロフェッショナルには厳しい心構えが求められるとされています。それは、もともとプロフェッション (Profession) という用語が、公言する (Profess) という言葉から作られたとされており、「高いモラルをもって、ごまかしのない生き方をする生活に入る。」ということを公衆に宣言した人を意味するからです。それが日本語では専門職とよばれるようになっています。専門職といわれる人の職業には、医師や弁護士、教育者、パイロットなどとともに技術者や科学者が含まれます。要するに、技術者でプロフェッショナルとよばれるためには、高いモラルを持っていなければならないということです。それはまさに技術者倫理を身につけ、応用能力を発揮する人を指すと考えなければなりません。ですから、公衆は技術にたずさわる人にプロフェッショナルとしての行動を求めているということになります。

ただし、技術者の場合には、独立して業務を行う例が多い医師や弁護士などと比べると、個人で行動する裁量や判断の幅が狭いのが特徴となります。その理由は、実社会においては、雇用者の下で業務を実施する技術者が多いために、雇用者や上司の指示に倫理的に問題があると判断した際にも、自分がとるべき行動の判断に迷ったり、命令を拒否できない場面に出くわしたりする可能性が高くなるからです。このため、専門職としての技術者が、倫理的な行動を推進するには、所属する組織の風土や体制が大きく影響してきます。

（3）　公衆とプロフェッショナルに関する出題例

公衆とプロフェッショナルに関して出題された問題の選択肢を、適切な記述例と不適切な記述例にわけて整理すると、次のようになります。なお、適切なものと不適切なものを読み間違えないために、選択肢文の最初に、適切なものには○を、不適切なものには●を付けてあります。

(a)　適切な記述例

○　憲法が国民に保障する自由及び権利は、国民の不断の努力によって、これを保持しなければならない。また、国民は、これを濫用してはならず、常に公共の福祉のためにこれを利用する責任を負う。また、私権は公共の福祉に適合しなければならない。

○　公衆は技術者に比べれば、科学技術の知識をほとんど持たない。公衆とは、よく知らされた上での同意を与える立場にないままに、その結果に影響される人々のことである。

○　技術者は自分の専門分野に関しては専門家であるが、自分の専門分野を離れると公衆である。つまり、公衆といわれる人は常に決まっているのではなく、ある人が一方の観点からは専門家であるが、別の観点からは公衆となる。

○　技術者倫理において公衆とは、技術業のサービスによる結果について自由な又はよく知らされた上での同意を与える立場になく、影響される人々のことをいう。つまり公衆は、専門家に比べてある程度の無知、無力などの特性を有する。

○　公務員は、特に定めた場合を除き、職務上知ることのできた秘密を漏らしてはならない。その職を退いた後といえども同様である。

○　技術者は専門知識レベルの教育と実務経験を有しており、社会の安全・健康・福利に対して大きな責任がある。

○　技術がつくり出したものが、我々の日常生活に大きな影響を与えている。技術と製造物との関係をきちんと把握でき、製造物が引き起こす危害を防止できるのは技術者である。

○　裁判では事故を防止できなかった技術者に厳しい判決が下されることがある。技術者としては、「経営者が資金や時間を与えてくれなかったことの方がより大きな責任がある」と言いたいところだが、それは通らなくなっている。

○　技術者は、科学技術が人間生活に及ぼす影響の重大性を認識する必要がある。科学技術の高度化・複雑化に伴う信頼性・安全性の確保が求められる中、技術者には実務能力のみならず、社会への公益性の責任が求められている。

(b)　不適切な記述例

●　技術者は多くの場合、組織に雇用されて仕事をしている。組織が問題を起した場合、その責任は主として経営者にあり、問われるべきは組織や経営者の倫理である。

● 技術者が関わる建設物、製品などは不特定多数の公衆が使用するものであるので、技術に関する説明は行わなくてよい。

（4） 知る権利と説明責任

これまで技術者と公衆は対立関係になるケースがしばしばありました。少なくとも技術者は、リスク事象を冷静に分析して、受け入れ可能なリスクとそうではないリスクを的確に判断し、適切な選択ができるだけの技術的な知識を持っています。ですから、公衆とはある程度リスクに対する概念が違う場合があります。しかし、そうだからといって、技術者が公衆に情報を開示しないという判断を行うのが正しいとはいえません。公衆にしてみれば、技術的な知識を持っていないとしても、それだからといって自分たちに降りかかってくる事態に関して、情報がまったく公開されないという事実を受け入れられないのは当然です。特に、安全や環境に影響がある事項については、公衆にも知る権利が存在します。もちろん、先端技術の競争を強いられている技術者にとっては、秘密にすることによって得られるものが多くあるため、できるだけ秘密にしておきたいと考えるのは当然だと思います。そういった全体の関係を考慮して、適切に情報公開の判断ができるのは技術者だけです。

科学技術がかかわる事項については、技術者はその専門分野に関しては、よく理解して判断ができる立場にあります。しかし、公衆はほとんど専門的な知識を持っていませんし、ましてやそういった判断が行われたことすらも知らされないままに、その影響に直接、または間接的にさらされます。そういった公衆には、「よく知らされたうえでの同意（インフォームド・コンセント）」をするために、「知る権利」があります。一方、技術者にはそういった知る権利に対する「アカウンタビリティ（説明責任）」がありますので、それを情報の開示によって果たさなければなりません。

しかし、一般的に、科学技術は公衆にはわかりにくいものと考えられていますし、技術者自身にも、研究している内容をできるだけ開示したくないという秘密主義的な考え方も根強く存在しています。技術者は、専門分野においては、同業技術者との競争にさらされているからです。しかし、その内容が高度化していくと、最終的に、技術は公衆の安全や環境の保全に少なからず影響を与える内容に及んでいきます。そういった際には、技術者も、公衆の知る権利に対して応える義務が生じてきます。

アカウンタビリティは説明責任と訳され、組織や事業内容についての不正がないことを社会に対して情報公開する責任があるという意味で用いられています。これと同様に、最近では「環境アカウンタビリティ」という言葉が用いられるようになっており、人類共通の財産である環境に対する説明責任が強く求められています。しかし、環境に大きな影響を持つような科学技術分野のアカウンタビリティには難しい面があるとされています。

技術分野では、専門家対非専門家という図式の中で、どこまでを専門家は非専門家に対して開示する義務や責任を負うべきであるかの判断は簡単ではありません。特に研究者は、その研究テーマが最先端であればあるほど、その専門領域における数少ない専門家であり、研究上で秘密にしておきたい部分を多く抱えています。とはいっても、その内容によっては研究結果が環境に著しい影響を与えるものが存在するのも事実です。また、専門家が公開するべき内容と判断した事項について、非専門家が関心を示さない事項も多くありますし、逆に専門家が公開の必要性を感じていない事項に関して、非専門家が公開を望んでいる場合もあります。そういった点で、適切な技術アカウンタビリティを常に実施するのは難しいといわれています。

知る権利と説明責任に関して出題された問題の選択肢を、適切な記述例と不適切な記述例にわけて整理すると、次のようになります。なお、適切なものと不適切なものを読み間違えないために、選択肢文の最初に、適切なものには○を、不適切なものには●を付けてあります。

(a)　適切な記述例

○　技術者は、説明責任を遂行するに当たり、説明を行う側が努力する一方で、説明を受ける側もそれを受け入れるために相応に努力することが重要である。

○　技術者は、自らが関わる業務において、利益相反の可能性がある場合には、説明責任と公正さを重視して、雇用者や依頼者に対し、利益相反に関連する情報を開示する。

○　公正で責任ある研究活動を推進するうえで、どの研究領域であっても共有されるべき「価値」があり、その価値の１つに「研究実施における説明責任」がある。

○　技術者は、時として守秘義務と説明責任のはざまにおかれることがあり、守秘義務を果たしつつ説明責任を果たすことが求められる。

○　技術者が関わる建築物、製品などは不特定多数の公衆が使用するものである。公衆が良く知らされた上で同意し、技術者が説明責任を果たすためには日頃から信頼関係を持つことが重要である。

○　技術は、説明しても公衆にはわかりにくいものであり、一般に公衆はいくら説明しても技術者ほど理解できない、そのため公衆は専門家である技術者の説明を必要としている。

○　技術者が行う「情報開示」は、公衆の「知る権利」に対するものであって、技術者が無理に説明を押し付けるものではない。

○　科学技術との関係で公衆は、よく知らされた上での同意をするために、知る権利があり、これに対して、技術者には公衆を納得させるための説明責任があり、それを果たすためには情報開示が必要となる。

○　技術は公衆にとって理解しにくいとはいえ、事例等を含めて、公衆に納得してもらうよう、わかりやすく説明すべきである。

○　技術者が行う「情報開示」は、公衆の「知る権利」に対するものであって、技術者が無理に説明を押し付けるものではない。

○　技術者が説明責任を遂行する努力をする一方で、公衆もまたそれを受け入れるための相応の努力をする必要がある。これが説明責任における対等の関係である。

○　技術者は他者に対する危害が及ばないように、公衆と使用者に対する説明責任を負っている。

(b)　不適切な記述例

●　技術は、もともとわかりにくいものである。公衆は技術の専門家のように理解できるはずはないので、技術に関する説明は行わなくてよい。

●　技術者が技術上の説明を熱心にしても、公衆が納得しない場合はしかたがない。

また、情報公開に関する出題例として、次のものがあります。

□　専門職としての技術者は、一般公衆が得ることのできない情報に接することができる。また技術者は、一般公衆が理解できない高度で複雑な内容の情報を理解でき、それに基づいて一般公衆よりもより多くのことを予見できる。このような特権的な立場に立っているがゆえに、技術者は適正に情報を発信したり、情報を管理したりする重い責任があると言える。次の（ア）～（カ）の記述のうち、技術者の情報発信や情報管理のあり方として不適切なものの数はどれか。（令和元年度Ⅱ―10）

（ア）技術者Aは、飲み会の席で、現在たずさわっているプロジェクトの技術的な内容を、技術業とは無関係の仕事をしている友人に話した。

（イ）技術者Bは納入する機器の仕様に変更があったことを知っていたが、専門知識のない顧客に説明しても理解できないと考えたため、そのことは話題にせずに機器の説明を行った。

（ウ）顧客は「詳しい話は聞くのが面倒だから説明はしなくていいよ」と言ったが、技術者Cは納入する製品のリスクや、それによってもたらされるかもしれない不利益などの情報を丁寧に説明した。

（エ）重要な専有情報の漏洩は、所属企業に直接的ないし間接的な不利益をもたらし、社員や株主などの関係者にもその影響が及ぶことが考えられるため、技術者Ｄは不要になった専有情報が保存されている記憶媒体を速やかに自宅のゴミ箱に捨てた。

（オ）研究の際に使用するデータに含まれる個人情報が漏洩した場合には、データ提供者のプライバシーが侵害されると考えた技術者Ｅは、そのデータファイルに厳重にパスワードをかけ、記憶媒体に保存して、利用するとき以外は施錠可能な場所に保管した。

（カ）顧客から現在使用中の製品について問い合わせを受けた技術者Ｆは、それに答えるための十分なデータを手元に持ち合わせていなかったが、顧客を待たせないよう、記憶に基づいて問い合わせに答えた。

①　2　　②　3　　③　4　　④　5　　⑤　6

なお、選択肢（ア）、（イ）、（エ）、（カ）の内容が不適切ですので、この問題の正答は③になります。

（５）　企業風土

技術者の多くは企業や組織に所属しています。企業や組織には、その企業や組織が持つ風土や文化があります。最近、社会で問題になっている検査データの改ざん問題に関しても、その企業風土が問題とされました。企業風土は、その企業が長い間に作り上げてきたもので、簡単には変わらないものですが、風土の中には、倫理的に不適切なものも多くあります。そういったものを変えていくためには、非常に強いリーダーシップと継続的な取り組みが必要となります。また、自社の企業風土に対する認識はあまりないため、他社で問題を発生したような場合には、その公開情報を参考にして、自社の企業風土を見直す機会と考える必要があります。さらに、自社で問題が発覚したような場合には、他の部署でも同じような傾向がないかを検証して改善していかなければ、同様の問題が再発する危険性を内在していることを認識する必要があります。実際に、同じ会社で似たような不正や企業倫理問題を再発した例は少なくありません。そういった『企業の風土』や『文化』が、安全性や環境保全に積極的な姿勢を持つようにならなければ、結果的に技術者個人が倫理観を持って業務を遂行することはできません。

最近では、ESG投資という機関投資家の活動も企業の風土の変化に影響を及ぼしています。ESGとは、環境（Environment）、社会（Social）、ガバナンス（Governance）の頭文字をとったもので、企業の長期的な成長のために、これらの観点が欠かせないという考え方です。この考え方は、急激に広まってきているため、企業トップもESGを前提に企業活動や風土の改善を進めていかなければなりません。

企業風土に関する出題例として、次のものがあります。

□　我が国で2017年以降、多数顕在化した品質不正問題（検査データの書き換え、不適切な検査等）に対する記述として、正しいものは○、誤っているものは×として、最も適切な組合せはどれか。（令和元年度Ⅱ—7）

（ア）企業不祥事や品質不正問題の原因は、それぞれの会社の業態や風土が関係するので、他の企業には、参考にならない。

（イ）発覚した品質不正問題は、単発的に起きたものである。

（ウ）組織の風土には、トップのリーダーシップが強く関係する。

（エ）企業は、すでに企業倫理に関するさまざまな取組を行っている。そのため、今回のような品質不正問題は、個々の組織構成員の問題である。

（オ）近年顕在化した品質不正問題は、1つの部門内に閉じたものだけでなく、部門ごとの責任の不明瞭さや他部門への忖度といった事例も複数見受けられた。

	ア	イ	ウ	エ	オ
①	×	○	○	×	○

②	×	×	×	×	×
③	×	○	○	○	○
④	○	○	○	○	○
⑤	×	×	○	×	○

なお、選択肢（ア）、（イ）、（エ）の内容が不適切ですので、この問題の正答は⑤になります。

3. 予防倫理

倫理問題への対応は人間の病気への対応と似たところがあります。疾病への対策は発病してからのものがかつては主流でした。しかし、発病してからの処置では、すでに手遅れで治療の施しようがなくなってしまう例も少なくはありませんでした。そのため、最近の医学分野では予防医学に力を入れるようになってきています。

（1） 予防医学

最近の医学の世界においては、病気の自覚症状が出る前にさまざまな手法を使って病気の兆候を捉え、未然に対策を施す手法が広く行なわれています。それを予防医学といいますが、予防医学には、その時期と目的によって、**図表3.1** に示すような分類があります。

図表 3.1　予防医学の分類

分類	内容
第一予防	疾病の予防対策、健康への啓発活動、健康増進活動、疾病への基礎教育、予防接種
第二予防	重症化防止対策、疾病の早期発見、疾病への早期処置、適切な医療措置、健康診断、合併症対策
第三予防	疾病の再発防止、リハビリテーション医療

（2）　予防倫理

倫理問題においても、倫理違反行為を犯してからや、公衆が問題視してから対処したのでは手遅れであるのは当然です。しかも、倫理問題に発展する事象は技術者に突然襲いかかってくるといっても過言ではありません。実際に、技術者個人が無意識や組織の慣例踏襲によって倫理問題となる原因を作ってしまう可能性は否定できません。そういった事態に陥らないためには、事前に考える訓練を行う予防倫理が重要とされるようになってきています。それは、予防医学でいう第一予防と同様のものになります。

さらに、倫理問題となった事象に対する判断の多くは、非常に短い時間でなされなければならないため、事前にある程度の教育と判断経験をしておかなければ、時間に追われて誤った選択をしてしまう可能性が高くなります。また、これまで経験がないからと、判断の先送りしてしまうケースも少なくありません。そういった場合には、『不作為』という倫理的に不適切な行為と公衆から判断されてしまうような結果になる危険性があります。そのような最悪の結果をもたらした場合には、組織ぐるみの行為と判断され、社会的に大きな問題としてメディアに取り上げられる結果になります。そういった事態にならないためには、予防倫理にも、予防医学でいう第二予防と同様のものが必要になります。そして、最終的には第三予防である、再発防止策を実施する必要があるのはいうまでもありません。

そういった点から、予防倫理にも**図表 3.2** のような分類が必要となります。

図表 3.2　予防倫理の分類

分類	内容
第一予防	組織の倫理規定策定、倫理への啓発活動、専門知識および法律教育、定期的な倫理教育、過去の事例研究
第二予防	早期の情報掌握活動、情報開示の手法習得、過去の対応事例研究、対応組織の事前決定、リコール等の対策手法、対応窓口の決定
第三予防	再発防止策の実施と広報、継続的な監視と情報開示

これらの予防倫理の各段階が的確に行われていると、倫理問題の発生が減る

ことはもちろん、技術者個人や所属する組織のダメージは小さくなります。それは、公衆への被害も少なくなることを意味しており、技術者や企業が目的のひとつとすべき社会的貢献の面でも効果を現す結果になります。予防倫理の手法としては、失敗から学ぶ事例研究という手法が広く用いられています。

（３）　倫理的な意思決定の促進要因と阻害要因

倫理事象に直面した場合には、意思決定の際にさまざまな要因が働きます。そういった要因として、倫理的な意思決定を促進する要因と阻害要因がありますので、予防倫理の際の事例研究では、そういった要因も考慮しながら事例を考えていく必要があります。そういった要因を**図表 3.3** に示します。

図表 3.3　倫理的な意思決定の促進要因と阻害要因

促進要因	阻害要因
利他主義	利己主義
希望・勇気	失望・おそれ
正直・誠実	自己ぎまん
知識・専門能力	無知
公共的志向	自己中心的志向
指示・命令に対する批判精神	指示・命令への無批判な受入れ
自律的思考	依存的思考

（４）　予防倫理に関する出題例

予防倫理に関する出題例として、次のものがあります。

□　次に示される事例において、技術士としてふさわしい行動に関する次の（ア）～（オ）の記述について、ふさわしい行動を○、ふさわしくない行動を×として、最も適切な組合せはどれか。（令和元年度再試験Ⅱ—4）

構造設計技術者である技術者Aはあるオフィスビルの設計を担当し、その設計に基づいて工事は完了した。しかし、ビルの入居が終わってから、技術者Aは自分の計算の見落としに気づき、嵐などの厳しい環境の変化によってそのビルが崩壊する可能性があることを認識した。そのような事態になれば、オフィスの従業員や周辺住民など何千人もの人を危険にさらすことになる。そこで技術者Aは依頼人にその問題を報告した。

依頼人は市の担当技術者Bと相談した結果、3ヶ月程度の期間がかかる改修工事を実施することにした。工事が完了するまでの期間、嵐に対する監視通報システムと、ビルを利用するオフィスの従業員や周辺住民に対する不測の事故発生時の退避計画が作成された。技術者Aの観点から見ても、この工事を行えば構造上の不安を完全に払拭することができるし、退避計画も十分に実現可能なものであった。

しかし、依頼人は、改修工事の事実をオフィスの従業員や周辺住民に知らせることでパニックが起こることを懸念し、改修工事の事実は公表しないで、ビルに人がいない時間帯に工事を行うことを強く主張した。

(ア) 業務に関連する情報を依頼主の同意なしに開示することはできないので、技術者Aは改修工事の事実を公表しないという依頼主の主張に従った。

(イ) 公衆の安全、健康、及び福利を守ることを最優先すべきだと考え、技術者Aは依頼人の説得を試みた。

(ウ) パニックが原因で公衆の福利が損なわれることを懸念し、技術者Bは改修工事の事実を公表しないという依頼主の主張に従った。

(エ) 公衆の安全、健康、及び福利を守ることを最優先すべきだと考え、技術者Bは依頼人の説得を試みた。

(オ) オフィスの従業員や周辺住民の「知る権利」を重視し、技術者Bは依頼人の説得を試みた。

	ア	イ	ウ	エ	オ
①	×	○	×	○	○
②	○	×	○	×	○
③	○	○	×	○	×
④	×	×	○	○	○
⑤	○	○	×	×	○

なお、この問題の正答は①になります。

第 4 章

研究活動における倫理

最近では、科学者に関する倫理問題が社会的に話題となってきています。そのため、さまざまな組織から倫理問題に関したガイドラインや指針などが発表されています。そういった現状から、研究活動における不正行為への対応等に関するガイドラインや科学者の行動規範（日本学術会議）などの資料を基にした問題が適性科目では出題されていますので、そこで示された内容のポイントをここでは説明したいと考えます。また、人工知能やバイオ分野における科学者の倫理が注目されている点から、人工知能（AI）社会と遺伝子組換え生物等の使用等の規制についても確認しておきます。

1. 研究活動における不正行為への対応等に関するガイドライン

文部科学省は、平成 26 年 8 月に文部科学大臣決定として、「研究活動における不正行為への対応等に関するガイドライン」（以下、本ガイドラインという。）を公表しています。本ガイドラインは結構ボリュームがある内容ですので、ポイントとなる事項をいくつか紹介します。ここには、科学者だけではなく、技術者としても理解しておくべき事項が含まれていますので、少し長くはなりますが詳細を確認しておきたいと思います。なお、研究に携わる人は、一度、本ガイドラインの全文を読まれることをお薦めします。

（1） 本ガイドラインの目的

本ガイドラインの「はじめに」に、策定の目的が次のように示されています。

> 本ガイドラインは、研究活動の不正行為に対する基本的考え方を明らかにした上で、研究活動における不正行為を抑止する研究者、科学コミュニティ及び研究機関の取組を促しつつ、文部科学省、配分機関及び研究機関が研究者による不正行為に適切に対応するため、それぞれの機関が整備すべき事項等について指針を示すものである。
>
> 〔出典：研究活動における不正行為への対応等に関するガイドライン（文部科学省)〕

（2） 本ガイドライン策定の背景

同じく「はじめに」のなかで、本ガイドライン策定の背景が次のように示されています。

> 科学研究における不正行為は、真実の探求を積み重ね、新たな知を創造していく営みである科学の本質に反するものであり、人々の科学への信頼を揺るがし、科学の発展を妨げ、冒涜するものであって、許すことのできないものである。このような科学に対する背信行為は、研究者の存在意義を自ら否定することを意味し、科学コミュニティとしての信頼を失わせるものである。
>
> 科学研究の実施は社会からの信頼と負託の上に成り立っており、もし、こうした信頼や負託が薄れたり失われたりすれば、科学研究そのものがよって立つ基盤が崩れることになることを研究に携わる者は皆自覚しなければならない。厳しい財政事情にもかかわらず、未来への先行投資として、国民の信頼と負託を受けて国費による研究開発を進めていることからも、研究活動の公正性の確保がより一層強く求められる。

> （中略）
>
> 本ガイドラインは、これらの検討等を踏まえ新たに策定するものであり、研究活動における不正行為への対応は、研究者自らの規律や研究機関、科学コミュニティの自律に基づく自浄作用によるべきものである、との特別委員会報告書の基本認識を踏襲した上で、これまで個々の研究者の自己責任のみに委ねられている側面が強かったことを踏まえ、今後は、研究者自身の規律や科学コミュニティの自律を基本としながらも、研究機関が責任を持って不正行為の防止に関わることにより、対応の強化を図ることを基本的な方針としている。
>
> 本ガイドラインに沿って、研究機関においては、研究活動の不正行為に対応する適切な仕組みを整えること、また、配分機関においては、競争的資金等の公募要領や委託契約書等に本ガイドラインの内容を反映させること等により、研究活動における不正行為への対応等について実効ある取組が一層推進されることを強く求めるものである。
>
> 〔出典：研究活動における不正行為への対応等に関するガイドライン（文部科学省）〕

なお、上記文に示された、「競争的資金等」は、「用語の定義」で「文部科学省又は文部科学省が所管する独立行政法人から配分される競争的資金を中心とした公募型の研究資金」と定義されています。また、「研究機関」は、「競争的資金等、国立大学法人や文部科学省所管の独立行政法人に対する運営費交付金、私学助成等の基盤的経費その他の文部科学省の予算の配分又は措置により、所属する研究者が研究活動を行っている全ての機関（大学、高等専門学校、大学共同利用機関、独立行政法人、国及び地方公共団体の試験研究機関、企業、公益社団法人、公益財団法人、一般社団法人、一般財団法人、特例民法法人等）」と定義されています。

(3) 不正行為に関する基本的考え方

第1節では、「研究活動の不正行為に関する基本的考え方」について詳細に示されています。

(a) 研究成果の発表

第1節の第2項では、「研究成果の発表」について次のように説明されています。

> 研究成果の発表とは、研究活動によって得られた成果を、客観的で検証可能なデータ・資料を提示しつつ、科学コミュニティに向かって公開し、その内容について吟味・批判を受けることである。科学研究による人類共通の知的資産の構築が健全に行われるには、研究活動に対する研究者の誠実さを前提とした、研究者間相互の吟味・批判によって成り立つチェックシステムが不可欠である。研究成果の発表は、このチェックシステムへの参入の意味を持つものであり、多くが論文発表という形で行われ、また、論文の書き方(データ・資料の開示、論理の展開、結論の提示等の仕方)に一定の作法が要求されるのはその表れである。
>
> 〔出典:研究活動における不正行為への対応等に関するガイドライン(文部科学省)〕

(b) 研究活動における不正行為

第1節の第3項では、「研究活動における不正行為」について次のように具体的に説明されています。

> 研究活動における不正行為とは、研究者倫理に背馳し、「研究活動」及び「研究成果の発表」において、その本質ないし本来の趣旨を歪め、科学コミュニティの正常な科学的コミュニケーションを妨げる行為にほかならない。具体的には、得られたデータや結果の捏造、改ざん、及び他者の研究成果等の盗用が、不正行為に該当する。このほか、他の学術誌等に既発

表又は投稿中の論文と本質的に同じ論文を投稿する二重投稿、論文著作者が適正に公表されない不適切なオーサーシップ（原著作者が誰か）などが不正行為として認識されるようになってきている。こうした行為は、研究の立案・計画・実施・成果の取りまとめの各過程においてなされる可能性がある。

このうち、例えば「二重投稿」については、科学への信頼を致命的に傷つける「捏造、改ざん及び盗用」とは異なるものの、論文及び学術誌の原著性を損ない、論文の著作権の帰属に関する問題や研究実績の不当な水増しにもつながり得る研究者倫理に反する行為として、多くの学協会や学術誌の投稿規程等において禁止されている。（後略）

（注：下線部は、読者の理解のため著者が加筆した）

〔出典：研究活動における不正行為への対応等に関するガイドライン（文部科学省）〕

(c)　不正行為に対する基本姿勢

第１節の第４項では、「不正行為に対する基本姿勢」について次のように説明されています。

研究活動における不正行為は、研究活動とその成果発表の本質に反するものであるという意味において、科学そのものに対する背信行為であり、また、人々の科学への信頼を揺るがし、科学の発展を妨げるものであることから、研究費の多寡や出所の如何を問わず絶対に許されない。また、不正行為は、研究者の科学者としての存在意義を自ら否定するものであり、自己破壊につながるものでもある。

これらのことを個々の研究者はもとより、科学コミュニティや研究機関、配分機関は理解して、不正行為に対して厳しい姿勢で臨まなければならない。（後略）

〔出典：研究活動における不正行為への対応等に関するガイドライン

（文部科学省）〕

(d)　研究者、科学コミュニティ等の自律・自己規律と研究機関の管理責任

第１節の第５項（1）では、「研究者、科学コミュニティ等の自律・自己規律」について次のように説明されています。

> 不正行為に対する対応は、研究者の倫理と社会的責任の問題として、その防止と併せ、まずは研究者自らの規律、及び科学コミュニティ、研究機関の自律に基づく自浄作用としてなされなければならない。（後略）
>
> 〔出典：研究活動における不正行為への対応等に関するガイドライン（文部科学省）〕

（4）　不正行為の事前防止のための取組

第２節では、「不正行為の事前防止のための取組」について示されており、冒頭の第１項に「不正行為を抑止する環境整備」で、次の２点が述べられています。

> (1)　研究倫理教育の実施による研究者倫理の向上
>
> 不正行為を事前に防止し、公正な研究活動を推進するためには、研究機関において、研究者等に求められる倫理規範を修得等させるための教育（以下、「研究倫理教育」という。）を確実に実施することなどにより、研究者倫理を向上させることがまず重要である。研究倫理教育の実施に当たっては、研究者の基本的責任、研究活動に対する姿勢などの研究者の行動規範のみならず、研究分野の特性に応じ、例えば、研究データとなる実験・観察ノート等の記録媒体の作成（作成方法等を含む。）・保管や実験試料・試薬の保存、論文作成の際の各研究者間における役割分担・責任関係の明確化など、研究活動に関して守るべき作法についての知識や技術を研究者

等に修得・習熟させることが必要である。

研究倫理教育の実施に当たっては、各研究機関では、それぞれ所属する研究者に加え、将来研究者を目指す人材や研究支援人材など、広く研究活動に関わる者を対象に実施する必要がある。例えば、諸外国や民間企業からの研究者や留学生などが研究機関において一時的に共同研究を行う場合であっても、当該研究機関において研究倫理教育を受講できるよう配慮する必要がある。

さらに、近年、産学官連携の深化に伴い、学生等が共同研究や技術移転活動に参画する機会も増えてきていることから、大学の教職員や研究者のみならず、研究活動に関わる学生等が、実際に起こり得る課題に対応できるような判断力を養うために、利益相反の考え方や守秘義務についても知識として修得することが重要である。

（後略）

(2)　研究機関における一定期間の研究データの保存・開示

（内容：省略）

〔出典：研究活動における不正行為への対応等に関するガイドライン（文部科学省）〕

これらの内容に加えて、第２項では不正事案が確認されたら、その概要に加えて、研究機関と配分機関の対応などを一覧化し、公開するとしています。

（5）　研究活動における特定不正行為への対応

第3節では、「研究活動における特定不正行為への対応」について示されており、第１項に「対象とする研究活動及び不正行為等」について次のように説明されています。

(1)　対象とする研究活動

本節で対象とする研究活動は、競争的資金等、国立大学法人や文部科学省所管の独立行政法人に対する運営費交付金、私学助成等の基盤的経費その他の文部科学省の予算の配分又は措置により行われる全ての研究活動である。

(2)　対象とする研究者

本節で対象とする研究者は、上記（1）の研究活動を行っている研究者である。

(3)　対象とする不正行為（特定不正行為）

本節で対象とする不正行為は、故意又は研究者としてわきまえるべき基本的な注意義務を著しく怠ったことによる、投稿論文など発表された研究成果の中に示されたデータや調査結果等の捏造、改ざん及び盗用である(以下「特定不正行為」という。)。

①　捏造

存在しないデータ、研究結果等を作成すること。

②　改ざん

研究資料・機器・過程を変更する操作を行い、データ、研究活動によって得られた結果等を真正でないものに加工すること。

③　盗用

他の研究者のアイディア、分析・解析方法、データ、研究結果、論文又は用語を当該研究者の了解又は適切な表示なく流用すること。

〔出典：研究活動における不正行為への対応等に関するガイドライン（文部科学省)〕

なお、追記的に、「不正行為の対応に関するルールづくりは、上記（1）から(3) までの対象に限定するものではない」としていますので、倫理観を常に持って、自分で考えて行動する姿勢を持つように喚起しています。

(6)　特定不正行為及び管理責任に対する措置

第4節では、「特定不正行為及び管理責任に対する措置」が示されており、

「特定不正行為に対する研究者、研究機関への措置」、「組織としての管理責任に対する研究機関への措置」、「措置内容の公表」が説明されています。

(a)　特定不正行為に対する研究者、研究機関への措置

「特定不正行為に対する研究者、研究機関への措置」について、次のような説明がなされています。

> 前節の特定不正行為について、配分機関等は、調査機関から本調査の実施の決定その他の報告を受けた場合は、以下のとおり、その事案に係る配分機関等が、当該調査機関に対して当該事案の速やかな全容解明を要請し、当該調査機関から提出される調査結果等を踏まえ、関係機関に対して必要な改善を求める。配分機関等は、前節の対象とする研究活動における特定不正行為を確認した場合は、研究者及び研究機関に以下の措置を講じる。
>
> ①　配分機関等は、調査機関から本調査の実施の決定その他の報告を受けた場合は、当該調査機関における調査が適切に実施されるよう、必要に応じて指示を行うとともに、速やかにその事案の全容を解明し、調査を完了させるよう要請する。
>
> ②　配分機関等は、調査の過程であっても、調査機関から特定不正行為の一部が認定された旨の報告があった場合は、必要に応じ、被認定者が関わる競争的資金等について、採択又は交付決定の保留、交付停止、関係機関に対する執行停止の指示等を行う。
>
> ③　配分機関等は、調査機関から特定不正行為を認定した調査結果が提出され、それを確認した場合は、当該調査結果の内容を踏まえ、以下の措置を講じるものとする。
>
> （ア）措置の対象となる研究者
>
> （イ）特定不正行為に係る競争的資金等の返還等
>
> （ウ）競争的資金等への申請及び参加資格の制限
>
> （注：（ア）～（ウ）の内容は省略）
>
> 〔出典：研究活動における不正行為への対応等に関するガイドライン

（文部科学省）〕

(b)　組織としての管理責任に対する研究機関への措置

第４節第２項の「組織としての管理責任に対する研究機関への措置」では、「組織としての責任体制の確保」と「迅速な調査の確保」が示されていますが、前者の内容を下記に紹介します。

①　管理条件の付与

（内容：省略）

②　間接経費の削減

文部科学省が管理条件の履行状況について行う確認の結果において、管理条件の履行が認められないと文部科学省が判断した場合、競争的資金の配分機関は、その研究機関に対する競争的資金における翌年度以降の間接経費措置額を一定割合削減する。

（後略）

③　配分の停止

間接経費を上限まで削減する措置を講ずることを決定した後も、文部科学省が管理条件の履行が認められないと判断した場合は、競争的資金の配分機関は、その研究機関に対する翌年度以降の競争的資金の配分を停止する。

（後略）

〔出典：研究活動における不正行為への対応等に関するガイドライン（文部科学省）〕

(7)　文部科学省による調査と支援

第５節では、「文部科学省による調査と支援」が示されており、４つの事項が挙げられていますが、そのうち「履行状況調査の実施」について紹介します。

２　履行状況調査の実施

文部科学省は、各研究機関における本ガイドラインを踏まえた体制整備の状況等を適切に把握するため、研究機関に対し定期的に履行状況調査を実施し、その結果を公表する。履行状況調査は、書面、面接若しくは現地調査又はその組合せにより行う。履行状況調査の結果、体制整備等に不備があることが確認された場合、当該研究機関に対し管理条件を付すなどにより指導・助言を行う。

〔出典：研究活動における不正行為への対応等に関するガイドライン（文部科学省）〕

(8)　研究活動における不正行為への対応等に関するガイドラインに関する出題例

研究活動における不正行為への対応等に関するガイドラインに関連して出題された問題の選択肢を、適切な記述例と不適切な記述例にわけて整理すると、次のようになります。なお、適切なものと不適切なものを読み間違えないために、選択肢文の最初に、適切なものには○を、不適切なものには●を付けてあります。

(a)　適切な記述例

○　研究者Ａは研究者Ｂと共同で研究成果をまとめ、連名で英語の論文を執筆し発表した。その後Ａは単独で、日本語で本を執筆することになり、当該論文の一部を翻訳して使いたいと考え、Ｂに相談して了解を得た。

○　故意又は研究者としてわきまえるべき基本的な注意義務を著しく怠ったことによる、投稿論文など発表された研究成果の中に示されたデータや調査結果等の捏造（ねつぞう）、改ざん及び他者の研究成果等の盗用を「特定不正行為」という。

○　特定不正行為が確認された研究活動に係る競争的資金等において、配分機関は、特定不正行為に関与したと認定された研究者及び研究機関に対し、事案に応じて、交付決定の取消し等を行い、また、当該競争的資金等の配分の一部又は全部の返還を求めることができる。

○　不正行為に対する対応は、研究者の倫理と社会的責任の問題として、その防止と併せ、まずは研究者自らの規律、及び科学コミュニティ、研究機関の自律に基づく自浄作用としてなされなければならない。

○　新ガイドラインは、文科省が機関に対して履行状況調査を実施することを規定している。履行状況次第では文科省が「研究機関に対し、体制整備等の不備について改善事項及びその履行期限を示した管理条件を付す」、文科省の判断に基づき「競争的資金の配分機関は、その研究機関に対する競争的資金における翌年度以降の間接経費措置額を一定割合削減する」、それでも十分でないときは、文科省の判断に基づき「競争的資金の配分機関は、その研究機関に対する翌年度以降の競争的資金の配分を停止する」と規定している。

○　新ガイドラインは対象とする範囲を拡張しており、研究者や大学院生のみならず学部生さらには研究支援人材など、広く研究に関わる者について研究倫理教育を実施することを明確に要請するなど、研究倫理教育の観点からガイドラインの対象者を拡張した。

○　新ガイドラインは、対象とする研究活動も拡張した。「文部科学省及び研究費を配分する文部科学省所管の独立行政法人の競争的資金を活用した研究活動」から「競争的資金等、国立大学法人や文部科学省所管の独立行政法人に対する運営費交付金、私学助成等の基盤的経費その他の文部科学省の予算の配分又は措置により行われる全ての研究活動」に拡張した。

○　新ガイドラインは、機関の管理責任を明確にし、事前防止のための組織的取組を推進するため、研究不正に関わった個人のみならず、所属機関の責任を問い、場合によっては機関に対する措置を講じるものとした。

(b)　不適切な記述例

●　科学的に適切な方法により正当に得られた研究成果が結果的に誤りであった場合、従来それは不正行為には当たらないと考えるのが一般的であったが、このガイドラインが出た後はそれらも不正行為とされるようになった。

- 文部科学省は税金を科学研究費補助金などの公的資金に充てて科学技術の振興を図る立場なので、このような不正行為に関するガイドラインを公表したが、個人が自らの資金と努力で研究活動を行い、その成果を世の中に公表する場合には、このガイドラインの内容を考慮する必要はない。
- 同じ研究成果であっても、日本語と英語で別々の学会に論文を発表する場合には、ガイドラインの二重投稿には当たらない。
- 他の学術誌等に既発表又は投稿中の論文と本質的に同じ論文を投稿する二重投稿、論文著作者が適正に公表されない不適切なオーサーシップなどは、研究者倫理に反する行為として認識されているが、不正行為ではない。
- 研究機関において、研究者等に求められる倫理規範を修得等させるための研究倫理教育を実施することは、研究者倫理を向上させることになるが、不正行為を事前に防止し、公正な研究活動を推進する環境整備とはならない。
- 新ガイドラインの最大の特徴は、文部科学大臣決定として定められたことである。ただし、旧ガイドラインが審議会報告の一部と位置付けられたのと同様に、新ガイドラインもあくまでも「指針」であって、文科省が行政的措置をとる際の根拠とはならない。

(c)　研究倫理に関する出題例

研究倫理に関して出題された問題を次に示します。これは、不適切なものの数を答えさせる問題ですので、難易度が高くなります。

□　「STAP 細胞」論文が大きな社会問題になり、科学技術に携わる専門家の研究や学術論文投稿に対する倫理が問われた。科学技術は倫理という暗黙の約束を守ることによって、社会からの信頼を得て進めることができる。研究や研究発表・投稿に関する研究倫理に関する次の記述のうち、不適切なものの数はどれか。（平成 29 年度Ⅱ—14）

（ア）研究の自由は、科学や技術の研究者に社会から与えられた大きな権

利であり、真理追究あるいは公益を目指して行われ、研究は、オリジナリティ（独創性）と正確さを追求し、結果への責任を伴う。

（イ）研究が科学的であるためには、研究結果の客観的な確認・検証が必要である。取得データなどに関する記録は保存しておかねばならない。データの捏造（ねつぞう）、改ざん、盗用は許されない。

（ウ）研究費は、正しく善良な意図の研究に使用するもので、その使い方は公正で社会に説明できるものでなければならない。研究費は計画や申請に基づいた適正な使い方を求められ、目的外の利用や不正な操作があってはならない。

（エ）論文の著者は、研究論文の内容について応分の貢献をした人は共著者にする必要がある。論文の著者は、論文内容の正確さや有用性、先進性などに責任を負う。共著者は、論文中の自分に関係した内容に関して責任を持てばよい。

（オ）実験上多大な貢献をした人は、研究論文や報告書の内容や正確さを説明することが可能ではなくとも共著者になれる。

（カ）学術研究論文では先発表優先の原則がある。著者のオリジナルな内容であることが求められる。先人の研究への敬意を払うと同時に、自分のオリジナリティを確認し主張する必要がある。そのためには新しい成果の記述だけではなく、その課題の歴史・経緯、先行研究でどこまでわかっていたのか、自分の寄与は何であるのかを明確に記述する必要がある。

（キ）論文を含むあらゆる著作物は著作権法で保護されている。引用には、引用箇所を明示し、原著作者の名を参考文献などとして明記する。図表のコピーや引用の範囲を超えるような文章のコピーには著者の許諾を得ることが原則である。

①　0　　②　1　　③　2　　④　3　　⑤　4

（エ）共著者も論文全体に責任を持っていなければなりませんので、不適切です。

（オ）実験の意味や論文の内容を十分理解していない人は共著者にはなれませんので、不適切です。

（エ）と（オ）が不適切ですので、この問題の正答は③になります。

2. 科学者の行動規範（日本学術会議）

科学者のデータねつ造や論文盗用問題が注目されたために、日本学術会議は平成18年に制定した「科学者の行動規範」を平成25年1月に改訂しています。その前文において、科学者と科学者の責務について示していますので、その内容を示します。

科学と科学研究は社会と共に、そして社会のためにある。したがって、科学の自由と科学者の主体的な判断に基づく研究活動は、社会からの信頼と負託を前提として、初めて社会的認知を得る。ここでいう「科学者」とは、所属する機関に関わらず、人文・社会科学から自然科学までを包含するすべての学術分野において、新たな知識を生み出す活動、あるいは科学的な知識の利活用に従事する研究者、専門職業者を意味する。

このような知的活動を担う科学者は、学問の自由の下に、特定の権威や組織の利害から独立して自らの専門的な判断により真理を探究するという権利を享受すると共に、専門家として社会の負託に応える重大な責務を有する。特に、科学活動とその成果が広大で深遠な影響を人類に与える現代において、社会は科学者が常に倫理的な判断と行動を為すことを求めている。また、政策や世論の形成過程で科学が果たすべき役割に対する社会的要請も存在する。

〔出典：科学者の行動規範（日本学術会議）〕

平成25年の改訂においては、下記の（1）から（4）の項目にわけて整理がなされました。枠内に示した内容は、「科学者の行動規範」示された内容を転載したものです。

(1) 科学者の責務

Ⅰ．科学者の責務

1　科学者の基本的責任

科学者は、自らが生み出す専門知識や技術の質を担保する責任を有し、さらに自らの専門知識、技術、経験を活かして、人類の健康と福祉、社会の安全と安寧、そして地球環境の持続性に貢献するという責任を有する。

2　科学者の姿勢

科学者は、常に正直、誠実に判断、行動し、自らの専門知識・能力・技芸の維持向上に努め、科学研究によって生み出される知の正確さや正当性を科学的に示す最善の努力を払う。

3　社会の中の科学者

科学者は、科学の自律性が社会からの信頼と負託の上に成り立つことを自覚し、科学・技術と社会・自然環境の関係を広い視野から理解し、適切に行動する。

4　社会的期待に応える研究

科学者は、社会が抱く真理の解明や様々な課題の達成へ向けた期待に応える責務を有する。研究環境の整備や研究の実施に供される研究資金の使用にあたっては、そうした広く社会的な期待が存在することを常に自覚する。

5　説明と公開

科学者は、自らが携わる研究の意義と役割を公開して積極的に説明し、その研究が人間、社会、環境に及ぼし得る影響や起こし得る変化を評価し、その結果を中立性・客観性をもって公表すると共に、社会との建設的な対話を築くように努める。

6　科学研究の利用の両義性

科学者は、自らの研究の成果が、科学者自身の意図に反して、破壊的行為に悪用される可能性もあることを認識し、研究の実施、成果の公表にあたっては、社会に許容される適切な手段と方法を選択する。

〔出典：科学者の行動規範（日本学術会議）〕

（2） 公正な研究

Ⅱ．公正な研究

7　研究活動

科学者は、自らの研究の立案・計画・申請・実施・報告などの過程において、本規範の趣旨に沿って誠実に行動する。科学者は研究成果を論文などで公表することで、各自が果たした役割に応じて功績の認知を得るとともに責任を負わなければならない。研究・調査データの記録保存や厳正な取扱いを徹底し、ねつ造、改ざん、盗用などの不正行為を為さず、また加担しない。

8　研究環境の整備及び教育啓発の徹底

科学者は、責任ある研究の実施と不正行為の防止を可能にする公正な環境の確立・維持も自らの重要な責務であることを自覚し、科学者コミュニティ及び自らの所属組織の研究環境の質的向上、ならびに不正行為抑止の教育啓発に継続的に取り組む。また、これを達成するために社会の理解と協力が得られるよう努める。

9　研究対象などへの配慮

科学者は、研究への協力者の人格、人権を尊重し、福利に配慮する。動物などに対しては、真摯な態度でこれを扱う。

10　他者との関係

科学者は、他者の成果を適切に批判すると同時に、自らの研究に対する批判には謙虚に耳を傾け、誠実な態度で意見を交える。他者の知的成果などの業績を正当に評価し、名誉や知的財産権を尊重する。また、科学者コミュニティ、特に自らの専門領域における科学者相互の評価に積極的に参加する。

〔出典：科学者の行動規範（日本学術会議）〕

（3）　社会の中の科学

Ⅲ．社会の中の科学

11　社会との対話

科学者は、社会と科学者コミュニティとのより良い相互理解のために、市民との対話と交流に積極的に参加する。また、社会の様々な課題の解決と福祉の実現を図るために、政策立案・決定者に対して政策形成に有効な科学的助言の提供に努める。その際、科学者の合意に基づく助言を目指し、意見の相違が存在するときはこれを解り易く説明する。

12　科学的助言

科学者は、公共の福祉に資することを目的として研究活動を行い、客観的で科学的な根拠に基づく公正な助言を行う。その際、科学者の発言が世論及び政策形成に対して与える影響の重大さと責任を自覚し、権威を濫用しない。また、科学的助言の質の確保に最大限努め、同時に科学的知見に係る不確実性及び見解の多様性について明確に説明する。

13　政策立案・決定者に対する科学的助言

科学者は、政策立案・決定者に対して科学的助言を行う際には、科学的知見が政策形成の過程において十分に尊重されるべきものであるが、政策決定の唯一の判断根拠ではないことを認識する。科学者コミュニティの助言とは異なる政策決定が為された場合、必要に応じて政策立案・決定者に社会への説明を要請する。

〔出典：科学者の行動規範（日本学術会議）〕

（4）　法令の遵守など

Ⅳ．法令の遵守など

14　法令の遵守

科学者は、研究の実施、研究費の使用等にあたっては、法令や関係規則を遵守する。

15　差別の排除

科学者は、研究・教育・学会活動において、人種、ジェンダー、地位、思想・信条、宗教などによって個人を差別せず、科学的方法に基づき公平に対応して、個人の自由と人格を尊重する。

16　利益相反

科学者は、自らの研究、審査、評価、判断、科学的助言などにおいて、個人と組織、あるいは異なる組織間の利益の衝突に十分に注意を払い、公共性に配慮しつつ適切に対応する。

〔出典：科学者の行動規範（日本学術会議）〕

（5）　科学者の行動規範に関する出題例

科学者の行動規範に関連して出題された問題の選択肢を、適切な記述例と不適切な記述例にわけて整理すると、次のようになります。なお、適切なものと不適切なものを読み間違えないために、選択肢文の最初に、適切なものには○を、不適切なものには●を付けてあります。

(a)　適切な記述例

○　「科学者」とは、所属する機関に関わらず、人文･社会科学から自然科学までを包含するすべての学術分野において、新たな知識を生み出す活動、あるいは科学的な知識の利活用に従事する研究者、専門職業者を意味する。

○　科学者は、常に正直、誠実に行動し、自らの専門知識・能力・技芸の維持向上に努め、科学研究によって生み出される知の正確さや正当性を科学的に示す最善の努力を払う。

○　科学者は、責任ある研究の実施と不正行為の防止を可能にする公正な環境の確立・維持も自らの重要な責務であることを自覚し、科学者コミュニティ及び自らの所属組織の研究環境の質的向上、並びに不正行為抑止の教育啓発に継続的に取組む。

○　科学者は、自らが生み出す専門知識や技術の質を担保する責任を有し、さらに自らの専門知識、技術、経験を活かして、人類の健康と福祉、社会の安全と安寧、そして地球環境の持続性に貢献するという責任を有する。

○　科学者は、自らが携わる研究の意義と役割を公開して積極的に説明し、その研究が人間、社会、環境に及ぼし得る影響や起こし得る変化を評価し、その結果を中立性・客観性をもって公表する。

○　科学者は、研究成果を論文などで公表することで、各自が果たした役割に応じて功績の認知を得るとともに責任を負わなければならない。研究・調査データの記録保存や厳正な取扱いを徹底し、ねつ造、改ざん、盗用などの不正行為を為さず、また加担しない。

○　科学者は、科学の自律性が社会からの信頼と負託の上に成り立つことを自覚し、常に、正直、誠実に判断し、行動する。また、科学研究によって生み出される知の正確さや正当性を、科学的に示す最善の努力をするとともに、科学者コミュニティ、特に自らの専門領域における科学者相互の評価に積極的に参加する。

○　科学者は、自らが携わる研究の意義と役割を公開して積極的に説明し、その研究が人間、社会、環境に及ぼす影響や起こし得る変化を評価し、その結果を中立性・客観性をもって公表する。

○　科学者は、他者の成果を適切に批判すると同時に、自らの研究に対する批判には謙虚に耳を傾け、誠実な態度で意見を交える。他者の知的成果などの業績を正当に評価し、名誉や知的財産権を尊重する。

○　科学者は、自らの研究、審査、評価、判断などにおいて、個人と組織、あるいは異なる組織間の利益の衝突に十分注意を払い、公共性に配慮しつつ適切に対応する。

(b)　不適切な記述例

●　科学者は、自らの研究の成果が、科学者自身の意図に反して悪用される可能性のある場合でも、社会の発展に寄与すると判断される場合は、速やかに研究の実施、成果の公表を積極的に行うよう努める。

●　科学者は、社会に対する科学者コミュニティの独立性を維持するために、市民との対話と交流には否定的である。また、政策立案・決定者に対して科学的助言を提供することもできるだけ避けるべきである。

●　科学者は、自らの研究の立案・計画・申請・実施・報告などの過程において、研究・調査データの記録保存や厳正な取扱いを徹底する。さらに社会から研究内容が理解されることが極めて重要で、そのためには多少データを修正することはやむを得ない。

3. 人工知能（AI）社会

最近では、人工知能（AI）を使ったシステムの実用化が進んできており、技術者倫理研究会などで、AIが判断した結果に対する責任の所在などについて議論がなされています。そういった点で、AI技術と倫理の関係が注目されています。政府の統合イノベーション戦略推進会議は、平成31年3月29日に『人間中心のAI社会原則』を公表しています。

（1） 人間中心のAI社会原則

本原則では、基本理念として次の３つを示しています。

① 人間の尊厳が尊重される社会

② 多様な背景を持つ人々が多様な幸せを追求できる社会

③ 持続性ある社会

続いて、Society 5.0実現に必要な社会変革「AI—Readyな社会」として、「AIは、社会を良くするために使うことも可能であれば、望ましくない目的達成のために使われたり、無自覚に不適切に使われたりすることもありうる。」と示しています。そのために、「何のためにAIを用いるのか」に答えられるように、下記の５つの観点が重要であると示しています。

ⓐ 人

ⓑ 社会システム

ⓒ 産業構造

ⓓ イノベーションシステム（イノベーションを支援する環境）

ⓔ ガバナンス

さらに、「AI—Readyな社会」を実現し、AIの適切で積極的な社会実装を推進するためには、「AI社会原則」が重要として下記の内容を示しています。

> ⑴　人間中心の原則
>
> AIの利用は、憲法及び国際的な規範の保障する基本的人権を侵すものであってはならない。（後略）
>
> ⑵　教育・リテラシーの原則
>
> （前略）AIに関わる政策決定者や経営者は、AIの複雑性や、意図的な悪用もありえることを勘案して、AIの正確な理解と、社会的に正しい利用ができる知識と倫理を持っていなければならない。AIの利用者側は、AIが従来のツールよりはるかに複雑な動きをするため、その概要を理解し、<u>正し</u>

く利用できる素養を身につけていることが望まれる。一方、AI の開発者側は、AI 技術の基礎を習得していることが当然必要であるが、それに加えて、社会で役立つ AI の開発の観点から、AI が社会においてどのように使われるかに関するビジネスモデル及び規範意識を含む社会科学や倫理等、人文科学に関する素養を習得していることが重要になる。(後略)

(3)　プライバシー確保の原則

（前略）AI を前提とした社会においては、個人の行動などに関するデータから、政治的立場、経済状況、趣味・嗜好等が高精度で推定できることがある。これは、重要性・要配慮性に応じて、単なる個人情報を扱う以上の慎重さが求められる場合があることを意味する。(後略)

(4)　セキュリティ確保の原則

AI を積極的に利用することで多くの社会システムが自動化され、安全性が向上する。一方、少なくとも現在想定できる技術の範囲では、希少事象や意図的な攻撃に対して AI が常に適切に対応することは不可能であり、セキュリティに対する新たなリスクも生じる。(後略)

(5)　公正競争確保の原則

新たなビジネス、サービスを創出し、持続的な経済成長の維持と社会課題の解決策が提示されるよう、公正な競争環境が維持されなければならない。(後略)

(6)　公平性、説明責任及び透明性の原則

「AI—Ready な社会」においては、AI の利用によって、人々が、その人の持つ背景によって不当な差別を受けたり、人間の尊厳に照らして不当な扱いを受けたりすることがないように、公平性及び透明性のある意思決定とその結果に対する説明責任（アカウンタビリティ）が適切に確保されると共に、技術に対する信頼性（Trust）が担保される必要がある。(後略)

(7)　イノベーションの原則

Society 5.0 を実現し、AI の発展によって、人も併せて進化していくような継続的なイノベーションを目指すため、国境や産学官民、人種、性別、

国籍、年齢、政治的信念、宗教等の垣根を越えて、幅広い知識、視点、発想等に基づき、人材・研究の両面から、徹底的な国際化・多様化と産学官民連携を推進するべきである。(後略)

(注：アンダーラインは後述する問題例のために著者が付加したものです。)

〔出典：人間中心のAI社会原則（統合イノベーション戦略推進会議)〕

人間中心のAI社会原則に関する出題例として、次のようなものがあります。

□ AIに関する研究開発や利活用は今後飛躍的に発展することが期待されており、AIに対する信頼を醸成するための議論が国際的に実施されている。我が国では、政府において、「AI—Readyな社会」への変革を推進する観点から、2018年5月より、政府統一のAI社会原則に関する検討を開始し、2019年3月に「人間中心のAI社会原則」が策定・公表された。また、開発者及び事業者において、基本理念及びAI社会原則を踏まえたAI利活用の原則が作成・公表された。

以下に示す（ア）～（コ）の記述のうち、AIの利活用者が留意すべき原則にあきらかに該当しないものの数を選べ。(令和3年度Ⅱ—6)

（ア）適正利用の原則
（イ）適正学習の原則
（ウ）連携の原則
（エ）安全の原則
（オ）セキュリティの原則
（カ）プライバシーの原則
（キ）尊厳・自律の原則
（ク）公平性の原則
（ケ）透明性の原則
（コ）アカウンタビリティの原則

①　0　　②　1　　③　2　　④　3　　⑤　4

なお、この問題の正答は①になります。

この問題は、上記に示した「人間中心のAI社会原則」の言葉とまったく同じ単語を使った原則項目を使っていないものもありますので、本原則に示された内容から判断することになります。そういった点で、技術士第一次試験では珍しい形の問題となっています。

なお、本原則に示した内容でポイントとなる言葉にアンダーラインを引いておきましたので、参考にしてください。

（2）　人工知能技術と人間社会について検討すべき論点

人工知能と人間社会に関する懇談会は、平成29年3月24日に報告書を公表していますが、その第4章で「人工知能技術と人間社会について検討すべき論点」を示しています。その中で下記の6つの論点を示しています。

(a)　倫理的論点

1)　人工知能技術の進展に伴って生じる、人と人工知能技術・機械の関係性の変化と倫理観の変化
2)　人工知能技術によって知らぬ間に感情や信条、行動が操作されたり、順位づけ・選別されたりする可能性への懸念
3)　能力や感情を含む人間観の捉え直し
4)　人工知能技術が関与する行為・創造に対する価値・評価の受容性。価値観や捉え方の多様性

(b)　法的論点

5)　人工知能技術による事故等の責任分配の明確化と保険の整備。人工知能技術を使うリスク、使わないリスクの考慮
6)　個人情報とプライバシーの保護も含めたビッグデータ利活用
7)　人工知能技術を活用した創作物等の権利の検討
8)　法解釈、法改正、法に関連する基本的概念の再検討の可能性

(c)　経済性論点

9)　人工知能技術による業務や働き方の変化：個人対象

10)　人工知能技術の利活用による雇用と企業の変化：企業対象

11)　人工知能技術の利活用を促進するための経済政策、労働移動を可能とする教育政策・雇用政策：国対象

(d)　教育的論点

12)　人工知能技術を適切に利活用するための教育

13)　人にとって本質的な能力や人にしかできない能力の育成

(e)　社会的論点

14)　人工知能技術との関わりの自由と共有可能な価値についての対話

15)　人工知能技術によるデバイド、社会的コストの不均衡、差別への対処

16)　新たな社会的病理の可能性、対立、依存への対処

(f)　研究開発的論点

17)　倫理観、アカウンタビリティ、可視化

18)　セキュリティ確保、プライバシー保護、制御可能性、透明性

19)　人工知能技術に関する適切な情報伝達と人文社会科学研究、融合研究の必要性

20)　人工知能技術の多様性確保と多様な社会への対応

人工知能技術と人間社会について検討すべき論点に関する出題例として、次のようなものがあります。

□　**人工知能（AI）の利活用は世界で急速に広がっている。日本政府もその社会的実用化に向けて、有識者を交えた議論を推進している。議論では「人工知能と人間社会について検討すべき論点」として6つの論点（倫理的、法的、経済的、教育的、社会的、研究開発的）をまとめているが、次の（ア）～（エ）の記述のうちで不適切と判断されるものの数はどれか。（令和元年度再試験Ⅱ―15）**

（ア）人工知能技術は、人にしかできないと思われてきた高度な思考や推論、行動を補助・代替できるようになりつつある。その一方で、人工知能技術を応用したサービス等によって人の心や行動が操作・誘導されたり、評価・順位づけされたり、感情、愛情、信条に働きかけられるとすれば、そこには不安や懸念が生じる可能性がある。

（イ）人工知能技術の利活用によって、生産性が向上する。人と人工知能技術が協働することは人間能力の拡張とも言え、新しい価値観の基盤となる可能性がある。ただし、人によって人工知能技術や機械に関する価値観や捉え方は違うことを認識し、様々な選択肢や価値の多様性について検討することが大切である。

（ウ）人工知能技術はビッグデータの活用でより有益となる。その利便性と個人情報保護（プライバシー）を両立し、萎縮効果を生まないための制度（法律、契約、ガイドライン）の検討が必要である。

（エ）人工知能技術の便益を最大限に享受するには、人工知能技術に関するリテラシーに加えて、個人情報保護に関するデータの知識、デジタル機器に関するリテラシーなどがあることが望ましい。ただし、全ての人がこれらを有することは現実には難しく、いわゆる人工知能技術デバイドが出現する可能性がある。

①　0　　②　1　　③　2　　④　3　　⑤　4

上記（2）の「人工知能と社会に関する検討すべき論点」の項目で示すと、

ア：2）項の説明文に示されている内容で適切な記述です。

イ：4）項の説明文に示されている内容で適切な記述です。

ウ：6）項の説明文に示されている内容で適切な記述です。

エ：15）項の説明文に示されている内容で適切な記述です。

よって、この問題の正答は①になります。

4. 遺伝子組換え生物等の使用等の規制

遺伝子組換え生物等の使用を無条件に認めてしまうと、次のような事態が発生する危険性があります。

① 遺伝子組換え生物が野生生物の生存を阻んで駆逐する

② 遺伝子組換え生物が野生生物を絶滅させる

③ 遺伝子組換え生物が野生生物と交雑して交雑種に置き換わる

こういった危険性を防ぐために、「遺伝子組換え生物等の使用等の規制による生物の多様性の確保に関する法律」が施行されています。この法律は、「国際的に協力して生物の多様性の確保を図るため、遺伝子組換え生物等の使用等の規制に関する措置を講ずることにより生物の多様性に関する条約のバイオセーフティに関するカルタヘナ議定書の的確かつ円滑な実施を確保し、もって人類の福祉に貢献するとともに現在及び将来の国民の健康で文化的な生活の確保に寄与すること」を目的としています。

(1) 遺伝子組換え生物の使用等

この法律での使用等とは、次のようなことをいいます。

① 食用、飼料用その他の用に供するための使用

② 栽培、飼育、培養等の育成

③ 加工

④ 保管、運搬及び廃棄

⑤ これらに付随する行為

また、使用等には**図表 4.1** に示す２つがあります

(2) 食品や飼料に関する安全性

食品としての安全性については、食品衛生法に基づいて安全性を審査し、使用の可否が判断されます。遺伝子組換え食品や食品添加物を輸入・販売する際

図表4.1　遺伝子組換え生物等の使用

種類	第一種使用等	第二種使用等
説明	環境中への拡散を防止しないで行う使用等	環境中への拡散を防止しつつ行う使用等
条件	新規に遺伝子組換え生物等を環境中で使用等をしようとする者は、事前に使用規定を定め、生物多様性影響評価書等を添付して主務大臣の承認を受けなければならない。	施設の態様等拡散措置が主務省令で定められている場合は、その使用等をする間、当該拡散防止措置を執らなければならない。定められていない場合には、その使用等をする間、あらかじめ主務大臣の確認を受けた拡散防止措置を執らなければならない。
具体例	圃場での栽培、飼料としての利用等	実験室を使う使用、培養・発酵設備を使う使用、飼育室を使う使用等

には、必ず安全性審査を受ける必要があります。安全性審査が申請された場合には、厚生労働省は食品安全委員会に評価依頼を行い、遺伝子組換え食品等専門調査会が食品健康影響評価を行い、可否を審査します。安全審査を受けていない食品や食品添加物は、これらを原材料として用いた食品等の製造・輸入・販売は禁止されています。

一方、飼料の安全性は、飼料安全法に基づいて安全性を確認し、使用の可否が判断されます。

(3)　遺伝子組換えに関する出題例

遺伝子組換えに関する出題例として、次のものがあります。

□　先端技術の一つであるバイオテクノロジーにおいて、遺伝子組換え技術の生物や食品への応用研究開発及びその実用化が進んでいる。

以下の遺伝子組換え技術に関する（ア）～（エ）の記述のうち、正しいものは○、誤っているものは×として、最も適切な組合せはどれか。

（令和2年度Ⅱ—14）

（ア）遺伝子組換え技術は、その利用により生物に新たな形質を付与することができるため、人類が抱える様々な課題を解決する有効な手段として期待されている。しかし、作出された遺伝子組換え生物等の形質次第では、野生動植物の急激な減少などを引き起こし、生物の多様性に影響を与える可能性が危惧されている。

（イ）遺伝子組換え生物等の使用については、生物の多様性へ悪影響が及ぶことを防ぐため、国際的な枠組みが定められている。日本においても、「遺伝子組換え生物等の使用等の規制による生物の多様性の確保に関する法律」により、遺伝子組換え生物等を用いる際の規制措置を講じている。

（ウ）安全性審査を受けていない遺伝子組換え食品等の製造・輸入・販売は、法令に基づいて禁止されている。

（エ）遺伝子組換え食品等の安全性審査では、組換えDNA技術の応用による新たな有害成分が存在していないかなど、その安全性について、食品安全委員会の意見を聴き、総合的に審査される。

	ア	イ	ウ	エ
①	○	○	○	○
②	○	○	○	×
③	○	○	×	○
④	○	×	○	○
⑤	×	○	○	○

なお、この問題の正答は①になります。

第5章

法律の遵守

法律に違反する行為が倫理的に問題である点は、誰もが一致した意見であるのは間違いないと思います。しかし、技術者が関連する法律の内容をすべて知っているというわけではありませんので、無意識に法律に違反している場合も多く存在しています。特に最近は、技術の進歩や社会慣習の変化によって新しい問題が発生しているため、多くの法律が改正されていますし、新しく施行された法律も多くあります。そういった内容を知っていなければ解けない問題がここ数年多くなっていますので、ここでは製造物責任法（PL法）、消費生活用製品安全法、個人情報の保護に関する法律、公益通報者保護法、知的財産権、著作権法、不正競争防止法について確認しておきたいと思います。

1. 製造物責任法（PL法）

かつての消費者被害における訴訟では、被害者が損害賠償を請求するには、製造業者などの過失や不注意が原因で事故が起きたことを、被害者が証明しなければなりませんでした。その点を是正して、この製造物責任法では、被害者が原因を特定することなく、欠陥があったという事実を証明するだけで、製造業者等の責任を問えるようになりました。製造物責任法の目的は、「製造物の欠陥により人の生命、身体又は財産に係る被害が生じた場合における製造業者等の損害賠償の責任について定めることにより、被害者の保護を図り、もって国民生活の安定向上と国民経済の健全な発展に寄与すること」です。

なお、製造物責任法は、適性科目では常連問題ですし、基礎科目でも出題されている問題ですので、しっかり内容を理解するようにしてください。

（1） 製造物と欠陥

製造物は、製造または加工された動産をいいますので、不動産については対象とされません。また、欠陥とは、製造物の特性や通常の使用形態において、その製造物が持っていなければならない安全性を欠いていることをいいます。その欠陥が発生する要因については、通常、次の3つがあると考えられています。

① 設計上の欠陥

設計上の欠陥とは、製造者等が設計段階で危険を低減または回避できたにもかかわらず、安全を軽んじて合理的な設計を採用するなどによって、製造物全体が安全性に欠ける結果となった場合です。

② 製造上の欠陥

製造上の欠陥とは、製造業者等が、製造や加工の過程で注意義務を尽くしたかどうかにかかわらず、対象となった製造物が設計時の仕様を逸脱して製造や加工されたことによって、安全を損なった場合です。

③ 表示上の欠陥

表示上の欠陥とは、合理的な説明、指示、警告などの表示がなされていれば、対象製造物に起因する損害や危険を低減または回避できたにもかかわらず、そういった適切な情報を製造者が利用者に与えなかった場合です。

（2） 製造物責任法の対象

製造業者等は、消費者に引き渡した製造物の欠陥によって、他人の生命、身体、財産を侵害したときは、これによって生じた損害を賠償しなければなりません。ただし、その損害が対象となる製造物だけである場合には、本法律の対象にはなりません。また、製造物が修理されたことによって生じた損害については対象とはなりませんし、有体物ではないソフトウェア単体も対象とはなりません。しかし、ソフトウェアを用いている機械全体として損害を発生した場合には対象となります。さらに、無体物である運転などの操作に起因した損害についても対象とはなりませんし、有体物とはいっても、未加工の農林水産物や、採掘されたままの鉱物は対象となりません。

なお、対象となった製造物を引き渡した時点での科学や技術の知見では、その製造物に欠陥があると認識できなかった場合には免責されます。また、製造業者が対象となる製造物を引き渡した時から10年を経過したときは、時効によって消滅します。ただし、身体に蓄積した場合に人の健康を害するような物質によって発生する損害や、一定の潜伏期間が経過した後に症状が現れる損害については、その損害が生じた時から経過年数が起算されます。

なお、製造業者となるのは次のような者です。

①　製造物を製造、加工、輸入した者

②　製造業者として製造物に氏名や商号等を表示した者

③　製造、加工、輸入、販売の形態からみて、当該製造物の実質的な製造業者と認めることができる者

なお、第６条で「製造物の欠陥による製造業者等の損害賠償の責任については、この法律の規定によるほか、民法の規定による。」と規定されていますので、製造物責任法の適用を受けた事案についても、民法の規定を免れるものではありません。

（3）　被害者が証明すべきこと

被害者は、次の３点について証明することで、製造業者の責任を問うことができます。

①　製造物に欠陥が存在していたこと

②　損害が発生したこと

③　損害が製造物の欠陥により生じたこと

以上の認定に当たっては、個々の事案の内容、証拠の提出状況等によって、

経験則や事実上の推定などを柔軟に活用することによって、被害者の立証負担の軽減が図られます。

(4) 製造物責任法に関する出題例

製造物責任法に関連して出題された問題の選択肢を、適切な記述例（適用される場合）と不適切な記述例（適用されない場合）にわけて整理すると、次のようになります。なお、適切なものと不適切なものを読み間違えないために、選択肢文の最初に、適切なものには○を、不適切なものには●を付けてあります。

(a) 適切な記述例

○ 土地、建物などの不動産は責任の対象とならない。ただし、エスカレータなどの動産は引き渡された時点で不動産の一部となるが、引き渡された時点で存在した欠陥が原因であった場合は責任の対象となる。

○ ソフトウエア自体は無体物であり、責任の対象とならない。ただし、ソフトウエアを組み込んだ製造物による事故が発生した場合、ソフトウエアの不具合と損害との間に因果関係が認められる場合は責任の対象となる。

○ 「修理」、「修繕」、「整備」は、基本的にある動産に本来存在する性質の回復や維持を行うことと考えられ、責任の対象とならない。

○ この法律は、製造物の欠陥により人の生命、身体又は財産に係る被害が生じた場合における製造業者等の損害賠償の責任について定めることにより、被害者の保護を図り、もって国民生活の安定向上と国民経済の健全な発展に寄与することを目的としている。

○ この法律において、製造物の欠陥に起因する損害についての賠償責任を製造業者等に対して追及するためには、製造業者等の故意あるいは過失の有無は関係なく、その欠陥と損害の間に相当因果関係が存在することを証明する必要がある。

○ この法律には「開発危険の抗弁」という免責事由に関する条項がある。これにより、当該製造物を引き渡した時点における科学・技術知識の水準で、欠陥があることを認識することが不可能であったことを製造事業者等が証明できれば免責される。

○　この法律に特段の定めがない製造物の欠陥による製造業者等の損害賠償の責任については、民法の規定が適用される。

○　この法律において「欠陥」とは、当該製造物の特性、その通常予見される使用形態、その製造業者等が当該製造物を引き渡した時期その他の当該製造物に係る事情を考慮して、当該製造物が通常有するべき安全性を欠いていることをいう。

○　原子炉の運転等により生じた原子力損害については、「原子力損害の賠償に関する法律」が適用され、この法律の規定は適用されない。

○　自動車輸入業者が輸入販売した高級スポーツカーにおいて、その製造工程で造り込まれたブレーキの欠陥により、運転者及び歩行者が怪我をした場合。

○　住宅メーカーが建築販売した住宅において、それに備え付けられていた電動シャッターの製造時の欠陥により、住民が怪我をした場合。

○　ロボット製造会社が製造販売した作業用ロボットにおいて、それに組み込まれたソフトウェアの欠陥により暴走し、工場作業者が怪我をした場合。

○　製造物責任法には、製品自体が有している特性上の欠陥のほかに、通常予見される使用形態での欠陥も含まれる。このため製品メーカーは、メーカーが意図した正常使用条件と予見可能な誤使用における安全性の確保が必要である。

○　この法律でいう「欠陥」というのは、当該製造物に関するいろいろな事情（判断要素）を総合的に考慮して、製造物が通常有すべき安全性を欠いていることをいう。このため安全性にかかわらないような品質上の不具合は、この法律の賠償責任の根拠とされる欠陥には当たらない。

○　製造物責任法では、損害が製品の欠陥によるものであることを被害者（消費者）が立証すればよい。なお、製造物責任法の施行以前は、民法709条によって、損害と加害の故意又は過失との因果関係を被害者（消費者）が立証する必要があった。

○　製造物とは、製造又は加工された動産の総称であり、土地、家屋などの不動産は対象外である。

○　製造物責任法では、冷凍・冷蔵した肉・魚は対象外であるが、肉・魚を加工したハム・ソーセージは対象物である。

(b)　不適切な記述例

●　再生品とは、劣化、破損等により修理等では使用困難な状態となった製造物について当該製造物の一部を利用して形成されたものであり責任の対象となる。この場合、最後に再生品を製造又は加工した者が全ての責任を負う。

●　この法律は、国際的に統一された共通の規定内容であるので、海外に製品を輸出、現地生産等の際には我が国のPL法の規定に基づけばよい。

●　この法律において「製造物」とは、製造又は加工された動産であるが、不動産のうち、戸建て住宅構造の耐震基準違反については、その重要性から例外的に適用される。

●　この法律で規定する損害賠償の請求権には、消費者保護を優先し、時効はない。

●　建設会社が造成した宅地において、その不適切な基礎工事により、建設された建物が損壊した場合。

●　食品会社経営の大規模養鶏場から出荷された鶏卵において、それがサルモネラ菌におかされ、食中毒が発生した場合。

●　マンションの管理組合が発注したエレベータの保守点検において、その保守業者の作業ミスにより、住民が死亡した場合。

●　電力会社の電力系統において、その変動（周波数等）により、需要家である工場の設備が故障した場合。

●　大学ベンチャー企業が国内のある湾内で養殖し、出荷販売した鯛において、その養殖場で汚染した菌により食中毒が発生した場合。

●　製造物責任法では、製造業者が引き渡したときの科学又は技術に関する知見によっては、当該製造物に欠陥があることを認識できなかった場合でも製造物責任者として責任がある。

- 製造物の欠陥は、一般に製造業者や販売業者等の故意若しくは過失によって生じる。この法律が制定されたことによって、被害者はその故意若しくは過失を立証すれば、損害賠償を求めることができるようになり、被害者救済の道が広がった。
- 製造物責任法では、テレビを使っていたところ、突然発火し、家屋に多大な損害が及んだ場合、製品の購入から10年を過ぎても、被害者は欠陥の存在を証明できれば、製造業者等へ損害の賠償を求めることができる。
- この法律は製造物に関するものであるから、製造業者がその責任を問われる。他の製造業者に製造を委託して自社の製品としている、いわゆるOEM製品とした業者も含まれる。しかし輸入業者は、この法律の対象外である。
- この法律では、製造物を「製造又は加工された動産」と定義している。したがって、土地、家屋などの不動産は対象外であるが、家電製品、家庭用ガス器具等の器具はもとより、電気、ガス、水道、ソフトウェアといった消費者保護に関係するものが広く対象となる。
- 製造物の欠陥は、一般に製造業者や販売業者等の故意もしくは過失によって生じる。この法律が制定されたことによって、被害者はその故意もしくは過失を立証すれば、損害賠償を求めることができるようになり、被害者救済の道が広がった。
- テレビを使っていたところ、突然発火したが、幸いテレビだけの損害で済んだ。この場合、製品の保証期間を過ぎていると、従来は製造者に無償での修理や代品納入を求められなかったが、この法律ができたことによって、被害者は欠陥の存在を証明できさえすれば、それが可能になった。

2. 消費生活用製品安全法

消費生活用製品安全法の目的は、「消費生活用製品による一般消費者の生命又は身体に対する危害の防止を図るため、特定製品の製造及び販売を規制するとともに、特定保守製品の適切な保守を促進し、併せて製品事故に関する情報の収集及び提供等の措置を講じ、もって一般消費者の利益を保護すること」と示されています。

（1） 消費生活用製品と特定製品

第２条第１項で、「消費生活用製品」とは、「主として一般消費者の生活の用に供される製品（別表に掲げるものを除く。）をいう」と定義されており、具体的な対象製品は示していません。一方、「特定製品」は、「消費生活用製品のうち、構造、材質、使用状況等からみて一般消費者の生命又は身体に対して特に危害を及ぼすおそれが多いと認められる製品」とされており、具体的には次のものが示されています。

【特定製品】
家庭用の圧力なべ及び圧力がま、乗車用ヘルメット、乳幼児用ベッド、登山用ロープ、携帯用レーザー応用装置、浴槽用温水循環器、石油給湯機、石油ふろがま、石油ストーブ、ライター

（2） 特定保守製品

製品の安全については、製品を長期間使用することによって生じる経年劣化によって安全が確保できなくなる事例が多発していることから、第２条第４項で、特に重大な危害を及ぼす恐れのある９品目（特定保守製品）について、長期使用製品安全点検制度が設けられています。特定保守製品については、消費者はメーカーに所有者登録をして、設計標準使用期間の終わる頃に、点検等の保守を行うことが定められています。なお、設計標準使用期間は、製品によって異なることから一律に定められないため、製品別にJISで定められています。

【特定保守製品】
ガス瞬間湯沸器（屋外式のものを除く。）、液化石油ガス用瞬間湯沸器、石

油給湯機、ガスバーナー付ふろがま（屋外式のものを除く。）、液化石油ガス用バーナー付ふろがま（屋外式のものを除く。）、石油ふろがま、電気食器洗機（システムキッチンに組み込むことができるように設計したものであつて、熱源として電気を使用するものに限る。）、温風暖房機、電気乾燥機

（3）　重大製品事故

第２条第６項では、「重大製品事故とは、製品事故のうち、発生し、又は発生するおそれがある危害が重大であるものとして、当該危害の内容又は事故の態様に関し政令で定める要件に該当するものをいう。」と規定されており、同施行令第５条で、①「死亡」、②「負傷又は疾病であって、これらの治療に要する期間が30日以上であるもの又はこれらが治ったときにおいて内閣府令で定める身体の障害が存するもの」、③「一酸化炭素による中毒」、④「火災が発生したこと」が挙げられています。

（4）　事業者の責務

事業者の責務として、第34条第１項に「消費生活用製品の製造、輸入又は小売販売の事業を行う者は、その製造、輸入又は小売販売に係る消費生活用製品について生じた製品事故に関する情報を収集し、当該情報を一般消費者に対し適切に提供するよう努めなければならない」と規定されています。さらに、第35条第１項で、「消費生活用製品の製造又は輸入の事業を行う者は、その製造又は輸入に係る消費生活用製品について重大製品事故が生じたことを知ったときは、当該消費生活用製品の名称及び型式、事故の内容並びに当該消費生活用製品を製造し、又は輸入した数量及び販売した数量を内閣総理大臣に報告しなければならない。」と義務化されています。なお、報告の期限は、「重大製品事故が生じたことを知った日から起算して10日以内」と内閣府令で定められています。報告を受けた内閣総理大臣は、「当該重大製品事故に係る消費生活用

製品による一般消費者の生命又は身体に対する重大な危害の発生及び拡大を防止するため必要があると認めるときは、(中略)、当該重大製品事故に係る消費生活用製品の名称及び型式、事故の内容その他当該消費生活用製品の使用に伴う危険の回避に資する事項を公表するものとする。」と第36条第1項に規定されており、公表までの期間は1週間以内とされています。

(5) 消費生活用製品安全法に関する出題例

消費生活用製品安全法（消安法）に関連して出題された問題の選択肢を、適切な記述例（適用される場合）と不適切な記述例（適用されない場合）にわけて整理すると、次のようになります。なお、適切なものと不適切なものを読み間違えないために、選択肢文の最初に、適切なものには○を、不適切なものには●を付けてあります。

(a) 適切な記述例

○ 消安法は、重大製品事故が発生した場合に、事故情報を社会が共有することによって、再発を防ぐ目的で制定された。重大製品事故とは、死亡、火災、一酸化炭素中毒、後遺障害、治療に要する期間が30日以上の重傷病をさす。

○ 事故報告制度は、消安法以前は事業者の協力に基づく任意制度として実施されていた。消安法では製造・輸入事業者が、重大製品事故発生を知った日を含めて10日以内に内閣総理大臣（消費者庁長官）に報告しなければならない。

○ 消費者庁は、報告受理後、一般消費者の生命や身体に重大な危害の発生及び拡大を防止するために、1週間以内に事故情報を公表する。この場合、ガス・石油機器は、製品欠陥によって生じた事故でないことが完全に明白な場合を除き、また、ガス・石油機器以外で製品起因が疑われる事故は、直ちに、事業者名、機種・型式名、事故内容等を記者発表及びウエブサイトで公表する。

○ 消安法で規定している「通常有すべき安全性」とは、合理的に予見可能な範囲の使用等における安全性で、絶対的な安全性をいうものではない。危険性・リスクをゼロにすることは不可能であるか著しく困難である。全ての商品に「危険性・リスク」ゼロを求めることは、新製品や役務の開発・供給を萎縮させたり、対価が高額となり、消費者の利便が損なわれることになる。

○　製品事故情報の収集や公表は、平成18年以前、事業者の協力に基づく「任意の制度」として実施されてきたが、類似事故の迅速な再発防止措置の難しさや行政による対応の遅れなどが指摘され、事故情報の報告・公表が義務化された。

○　消費生活用製品とは、消費者の生活の用に供する製品のうち、他の法律（例えば消防法の消火器など）により安全性が担保されている製品のみを除いたすべての製品を対象としており、対象製品を限定的に列記していない。

○　重大事故が報告される中、長期間の使用に伴い生ずる劣化（いわゆる経年劣化）が事故原因と判断されるものが確認され、新たに「長期使用製品安全点検制度」が創設され、屋内式ガス瞬間湯沸器など計９品目が「特定保守製品」として指定されている。

○　「特定保守製品」の製造又は輸入を行う事業者は、保守情報の１つとして、特定保守製品への設計標準使用期間及び点検期間の設定義務がある。

(b)　不適切な記述例

●　製造事業者又は輸入事業者は、重大事故の範疇かどうか不明瞭な場合、内容と原因の分析を最優先して整理収集すれば、法定期限を超えて報告してもよい。

3. 個人情報の保護に関する法律

個人情報を利用した行為により消費者が被害を受けていることから、この法律が制定されました。最近は、個人情報の漏えいがクローズアップされているため、ニュースでも大きな話題になった法律の１つといえます。

本法律で対象とする、個人情報および個人情報取扱事業者などに関しての言葉の定義は、次のようになされています。

（1） 個人情報

個人情報とは、生存する個人に関する情報で、当該情報に含まれる氏名、生年月日その他の記述等で作られる記録で特定の個人を識別することができるものや、個人識別符号が含まれるものです。なお、「生存する個人」には、日本国民に限定されず外国人も含まれますし、個人に関する情報であれば、文字情報だけではなく、映像情報や音声情報も含まれます。メールアドレスについては、個人が識別される場合には個人情報となりますが、そうではない場合には該当しません。

（2） 個人識別符号

個人識別符号とは、次のようなものをいいます。

① 特定の個人の身体の一部の特徴を電子計算機で利用するために変換した文字、番号、記号その他の符号で、特定の個人を識別することができるもの

② 個人に提供されるサービスの利用や個人に販売される商品の購入で割り当てられたり、個人に発行されるカード等に記載されるか、電磁的に記録された文字、番号、記号等の符号で、その個人ごとに異なるものとなるように割り当て・記載・記録されることで、特定の個人を識別することができるもの

なお、携帯番号やクレジットカード番号、メールアドレスそれ自体は、個人識別符号とはされていません。

【具体的に個人識別符号となるものの例】（同法施行令第１条）

ⓐ 細胞から採取されたDNAを構成する塩基の配列

ⓑ 顔の骨格及び皮膚の色並びに目、鼻、口その他の顔の部位の位置及び形状によって定まる容貌

ⓒ 虹彩の表面の起伏により形成される線状の模様

ⓓ 発声の際の声帯の振動、声門の開閉並びに声道の形状及びその変化

ⓔ　歩行の際の姿勢及び両腕の動作、歩幅その他の歩行の態様

ⓕ　手のひら又は手の甲若しくは指の皮下の静脈の分岐及び端点によって定まるその静脈の形状

ⓖ　指紋又は掌紋

（3）　要配慮個人情報

要配慮個人情報は、本人の人種、信条、社会的身分、病歴、犯罪の経歴、犯罪により害を被った事実等、本人に対する不当な差別、偏見その他の不利益が生じないようにその取扱いに特に配慮を要するものとして、政令で定める記述等が含まれる個人情報をいいます。

（4）　個人情報取扱事業者

個人情報取扱事業者は、個人情報データベースを事業として利用している事業者をいいますが、その中には、国の機関、地方公共団体、独立行政法人、地方独立行政法人は含まれません。

（5）　個人情報データベース等

個人情報データベース等とは、個人情報を含む情報の集合物で、次に掲げるものです。

①　特定の個人情報を、電子計算機を用いて検索することができるように体系的に構成したもの

②　特定の個人情報を容易に検索することができるように体系的に構成したものとして政令で定めるもの

（6）　保有個人データ

個人情報取扱事業者が保有している個人データで、開示、訂正、追加、修正、削除、第三者への提供停止などを行うことができるデータを保有個人データといいます。ただし、6ヶ月以内に消去されるデータや、個人データの存否によ

って次のような不具合が生じるものは除外されます。

①　本人や第三者の生命・身体・財産に危害が及ぶもの

②　違法な行為を助長したり、誘発したりするおそれがあるもの

③　国の安全や国際機関との信頼関係が損なわれるもの

④　他国や国際機関との交渉上不利益を被るおそれがあるもの

⑤　犯罪の予防、鎮圧、捜査など、公共の安全と秩序の維持に支障がでるおそれのあるもの

(7)　個人情報取扱事業者で個人データに該当しない場合

個人情報取扱事業者が保有している個人データのうち、下記の場合には個人データとはなりません。

①　法令に基づく場合

②　人の生命、身体または財産の保護のために必要がある場合で、本人の同意を得ることが困難であるとき

③　公衆衛生の向上または児童の健全な育成の推進のために特に必要がある場合で、本人の同意を得ることが困難であるとき

④　国の機関もしくは地方公共団体またはその委託を受けた者が法令の定める事務を遂行することに対して協力する必要がある場合で、本人の同意を得ることにより当該事務の遂行に支障を及ぼすおそれがあるとき

(8)　個人情報保護法に関する出題例

個人情報保護法に関連して出題された問題の選択肢を、適切な記述例と不適切な記述例にわけて整理すると、次のようになります。なお、適切なものと不適切なものを読み間違えないために、選択肢文の最初に、適切なものには○を、不適切なものには●を付けてあります。

(a)　適切な記述例

○　個人情報とは、氏名、性別、生年月日、職業、家族関係などの事実に係る情報のみではなく、個人の判断・評価に関する情報、特定個人を識別できる

限りにおいて映像や音声なども含まれる。

○　市町村長が作成する避難支援等を実施するための基礎となる名簿については、災害発生など特に必要があると認められる場合であれば、避難支援等の実施に必要な限度で、本人の同意を得ずに関係者で共有することができる。

○　個人情報取扱事業者に該当する私立学校は、個人情報の適正な取得や利用目的の通知等のルールを守れば、本人の同意なく各種名簿を作成することは可能であるが、配布を行う際には本人や保護者の同意が必要になる。

○　従業員番号や学籍番号、パソコンIDなどの番号は、個人情報に該当する。

○　契約書などから個人情報を取得する場合は、個人情報の利用について承諾確認をする必要がある。

(b)　不適切な記述例

●　学習塾で、生徒同士のトラブルが発生し、生徒Aが生徒Bにケガをさせてしまった。生徒Aの保護者は生徒Bとその保護者に謝罪するため、生徒Bの連絡先を教えて欲しいと学習塾に尋ねてきた。学習塾では、「謝罪したい」という理由を踏まえ、生徒名簿に記載されている生徒Bとその保護者の氏名、住所、電話番号を伝えた。

●　クレジットカード会社に対し、カードホルダーから「請求に誤りがあるようなので確認して欲しい」との照会があり、クレジット会社が調査を行った結果、処理を誤った加盟店があることが判明した。クレジットカード会社は、当該加盟店に対し、直接カードホルダーに請求を誤った経緯等を説明するよう依頼するため、カードホルダーの連絡先を伝えた。

●　小売店を営んでおり、人手不足のためアルバイトを募集していたが、なかなか人が集まらなかった。そのため、店のポイントプログラムに登録している顧客をアルバイトに勧誘しようと思い、事前にその顧客の同意を得ることなく、登録された電話番号に電話をかけた。

●　顧客の氏名、連絡先、購入履歴等を顧客リストとして作成し、新商品やセールの案内に活用しているが、複数の顧客にイベントの案内を電子メールで知らせる際に、CC（Carbon Copy）に顧客のメールアドレスを入力し、一斉送信した。

● インターネットや新聞等で既に公表されている公知の個人情報は、個人情報保護法では他の個人情報と区別され、保護の対象外となる。

● 監視カメラで撮影された映像で、特定の個人が識別できる場合でも、防犯目的であれば、個人情報保護法の対象とはならない。

● 死者に関する情報については、保護の対象とはならず、したがって、死者の家族関係などの情報も保護の対象とはならない。

● 運送業者が個人情報の入ったCD-ROMを誤配したと後日判明した場合、個人情報保護法上の責任を問われる。

4. 公益通報者保護法

企業や組織が不適切な行為をしている場合に、それを公にする行為を内部告発といいます。内部告発によって環境や公衆の安全が維持された場合もありますが、内部告発のなかには、「密告」と「警笛鳴らし」が含まれています。

では、密告と警笛鳴らしはどのように違うのでしょうか。密告は、確たる証拠や正確な情報がなくても行えますし、マスコミなどの影響が大きい組織に匿名で通報して、話題性を狙うこともできます。一方、警笛鳴らしには厳密な条件が定められていますので、その条件を説明します。

【警笛鳴らしの7つの条件】

① 公衆の安全や環境の保全に対して重大な危害を与えるといえること

② 組織の上層部に何度もその事実を報告していること

③ いくつもの方法で上層部に上訴し、どれも満足できる回答を得られていないこと

④ 重大な危害を与えるという客観的な証拠を持っていること

⑤ すでにすべての策を使っており、他の方法では解決がつかないと判断されること

⑥　管理責任のある適切な公的機関等に事実を伝えていること
⑦　匿名等ではなく、実名を使って伝えていること

警笛鳴らしは、⑦に示されているとおり、実名を明かして顧客や雇用者の隠された不正行為を公表する結果になりますので、それを実践した人へも大きな悪影響が及ぶのは避けられません。それは、結果的に通報者の利益になる行為とはならず、不利益を被る場合が多くあります。そういった状況から、警笛慣らしは、倫理を実践するための最終手段といわれています。このような状況から警笛鳴らしをした人を保護する目的で作られたのが公益通報者保護法になります。公益通報者保護法の目的は、第１条に次のように示されています。

この法律は、公益通報をしたことを理由とする公益通報者の解雇の無効等並びに公益通報に関し事業者及び行政機関がとるべき措置を定めることにより、公益通報者の保護を図るとともに、国民の生命、身体、財産その他の利益の保護にかかわる法令の規定の遵守を図り、もって国民生活の安定及び社会経済の健全な発展に資することを目的とする。

なお、過去に、この条文に示した□部を空欄にした穴埋め問題が出題されています。

次に、この法律の内容で重要な点を下記に示します。

（１）　公益通報の条件

公益通報に相当するのは、下記の条件に合ったものです。

①　通報者が労働者であること

②　不正の利益を得る目的や、他人に損害を加える目的などの不正な目的でないこと

③　労務提供先などの役員、従業員、代理人などについて通報対象事実が生じるか、生じようとしていること

④　通報先が以後の（3）に示すような規定されたところであること

（2）通報対象事実

通報対象事実となるのは、次の内容にあたる事実です。

①　個人の生命、身体の保護、消費者の利益の擁護、環境の保全、公正な競争の確保、国民の生命、身体、財産、その他の利益の保護にかかわる法律に規定している罪についての犯罪行為の事実

②　①に示したような被害が発生する場合で、次の法律処分の理由とされている事実

刑法、食品衛生法、証券取引法、
農林物資の規格化及び品質表示の適正化に関する法律（JAS法）、
大気汚染防止法、廃棄物の処理及び清掃に関する法律、
個人情報の保護に関する法律、
その他、個人の生命、身体の保護、消費者の利益の擁護、環境の保全、公正な競争の確保、国民の生命、身体、財産その他の利益の保護にかかわる法律

（3）通報先

通報先は、例えば、マスコミなどの第三者までを含めてどこでもよいというわけではなく、次に示された通報先に通報することが条件になります。

①　労働者を自ら使用する事業者

②　派遣労働者の場合は、派遣サービスの提供を受ける事業者

③　請負契約などの契約で事業を行う場合は、労働者が従事している事業者

④　サービス提供先があらかじめ定めた者

⑤　通報対象事実について、処分や勧告をする権限をもった行政機関や人

なお、行政機関としては、次のような機関があります。

内閣府、宮内庁、内閣府設置法に規定する機関、 **国家行政組織法に規定する機関、** **法律の規定に基づき内閣の所轄の下に置かれる機関、** **これらの機関の職員で法律上独立に権限行使を認められた職員、** **地方公共団体の機関**

⑥　通報することによって、被害発生や被害拡大を防止するために必要であると考えられる者

⑦　被害を受けるおそれがある者

（4）　保護の内容

公益通報をした人に対しては、次のような保護が与えられます。

①　公益通報をしたことを理由として、事業者が行った解雇は無効とする。

②　公益通報をしたことを理由として、事業者が行った労働者派遣契約の解除は無効とする。

③　公益通報をしたことを理由として、降格、減給その他不利益な取扱いをしてはならない。

④　公益通報をしたことを理由として、労働者派遣をする事業者に派遣労働者の交代を求めるなどの不利益な取扱いをしてはならない。

⑤　公益通報をしたことを理由とする、一般職の国家公務員、裁判所職員、国会職員、自衛隊員、一般職の地方公務員に対する免職など不利益な取扱いを禁止する。

（5）　通報への対応

公益通報が行われた場合には、次のような対応を行わなければなりません。

(a)　公益通報をされた事業者

事業者は、通報対象事実を中止するか、または是正するために必要と考えら

れる措置を取ったときは、その旨を通知しなければなりません。また、通報された対象事実がないときは、その旨を公益通報者に対し、迅速に通知するように努めなければなりません。

(b)　権限を有する行政機関

行政機関は必要な調査を行い、公益通報された通報対象事実があると認めるときは、法令に基づく措置や適当な措置をとらなければなりません。また、犯罪行為の事実を内容とする場合には、犯罪の捜査や公訴については、刑事訴訟法の定める内容に従って対応しなければなりません。

(c)　権限を有しない行政機関

公益通報が誤って権限を有しない行政機関になされた場合には、その行政機関は、公益通報者に対して権限を有する行政機関を教示しなければなりません。

(6)　公益通報者保護法に関する出題例

公益通報者保護法に関連して出題された問題の選択肢を、適切な記述例と不適切な記述例にわけて整理すると、次のようになります。なお、適切なものと不適切なものを読み間違えないために、選択肢文の最初に、適切なものには○を、不適切なものには●を付けてあります。

(a)　適切な記述例

○　従業員が製品のユーザーや一般大衆に深刻な被害が及ぶと認めた場合には、まず直属の上司にそのことを報告し、自己の道徳的懸念を伝えるべきである。

○　従業員は、外部に公表することによって必要な変化がもたらされると信じるに足るだけの十分な理由を持たねばならない。成功をおさめる可能性は、個人が負うリスクとその人に振りかかる危険に見合うものでなければならない。

○　公益通報者保護法が保護する公益通報は、不正の目的ではなく、労務提供先等について「通報対象事実」が生じ、又は生じようとする旨を、「通報先」に通報することである。

○　公益通報者保護法は、保護要件を満たして「公益通報」した通報者が、解雇その他の不利益な取扱を受けないようにする目的で制定された。

○　保護要件は、事業者内部（内部通報）に通報する場合に比較して、行政機関や事業者外部に通報する場合は、保護するための要件が厳しくなるなど、通報者が通報する通報先によって異なっている。

○　マスコミなどの外部に通報する場合は、通報対象事実が生じ、又は生じようとしていると信じるに足りる相当の理由があること、通報対象事実を通報することによって発生又は被害拡大が防止できることに加えて、事業者に公益通報したにもかかわらず期日内に当該通報対象事実について当該労務提供先等から調査を行う旨の通知がないこと、内部通報や行政機関への通報では危害発生や緊迫した危険を防ぐことができないなどの要件が求められる。

○　公益通報の対象となる公益通報対象事実とは、個人の生命や身体の保護、消費者の利益の擁護、環境の保全、公正な競争の確保などに加え、国民の生命・身体・財産その他の利益の保護に係る法律に規定する犯罪行為などである。

○　公益通報に係る法規、すなわち刑法やその他の関連法規には膨大な犯罪類型が規定されているため、公益通報者保護法にはどのような法律の違反行為が「通報対象事実」になるかを、同法の別表に列挙している。

○　日本の公益通報者保護法は民事ルールを定めたものなので、公益通報者保護法違反を理由に事業者に対して刑罰や行政処分が課せられることはないが、それとは別に、通報対象となる法令違反行為については、関係法令に基づき刑罰や行政処分が課せられることがある。

(b)　不適切な記述例

●　直属の上司が、自己の懸念や訴えに対して何ら有効なことを行わなかった場合には、即座に外部に現状を知らせるべきである。

●　内部告発者は、予防原則を重視し、その企業の製品あるいは業務が、一般大衆、又はその製品のユーザーに、深刻で可能性が高い危険を引き起こすと予見される場合には、合理的で公平な第三者に確信させるだけの証拠を持っていなくとも、外部に現状を知らせなければならない。

- 公益通報者保護法が保護する対象は、公益通報した労働者で、労働者には公務員は含まれない。
- 従業員による内部告発は、不祥事を明らかにすることで企業のコンプライアンス（法令遵守）を高め、ひいては消費者や社会全体の利益につながるという側面を持っている。したがって消費者や社会全体の利益のためには、他人の正当な利益（第三者の個人情報など）や公共の利益を害するようなことがあっても注意を払う義務はない。
- 公益通報者保護法の保護対象は労働者で、「職業の種類を問わず、事業又は事務所に使用される者で、賃金を支払われる者をいう」と定義されている。組織に雇われている職員や社員、派遣社員、取引事業者と請負契約のある雇用元の労働者などが該当し、取締役も含まれる。
- 事業者と労働者との「労働契約」は自由対等な契約関係にあり、労働者は事業者の指揮命令に服する義務を負うほか、信義則上、事業者の利益を不当に害さないように行動する義務「誠実義務」（守秘義務など）を負っており、これらに反する外部への通報などの行為は適切ではない。
- 公益通報者保護法では、公益通報は、公務員を含む労働者が不正の目的でなく労務提供先等について犯罪行為が生じた旨を通報先に通報することと定義されており、生じようとしている状況では保護の対象とはならない。
- 日本の公益通報者保護法の第１条の「公益通報者の保護」とは、具体的には労働者を公益通報したことを理由として解雇してはならないことを意味している。この法律では解雇以外の不利益な取り扱い、例えば降格、減給といった取り扱いについての規定がないので、その点の改善が必要である。
- 労働者が公益通報をする相手は、一般に労働者が所属する事業者の外部、すなわち行政機関と報道機関などの外部に限定され、日本の公益通報者保護法もそのように限定している。
- 労働者から公益通報を受けたものは、公益通報者保護法を所管する官庁に、公益通報を受けた事実を報告しなければならない。
- 日本の公益通報者保護法は、事業者と直接雇用関係にある労働者を保護するものなので、派遣労働者の場合は労務提供先の事業者ではなく、派遣事業者がとるべき措置を定めていることになる。

（７）　内部告発に関する出題例

内部告発に関する出題例として、次のものがあります。

□　内部告発は、社会や組織にとって有用なものである。すなわち、内部告発により、組織の不祥事が社会に明らかとなって是正されることによって、社会が不利益を受けることを防ぐことができる。また、このような不祥事が社会に明らかになる前に、組織内部における通報を通じて組織が情報を把握すれば、問題が大きくなる前に組織内で不祥事を是正し、組織自らが自発的に不祥事を行ったことを社会に明らかにすることができ、これにより組織の信用を守ることにも繋がる。

このように、内部告発が社会や組織にとってメリットとなるものなので、不祥事を発見した場合には、積極的に内部告発をすることが望まれる。ただし、告発の方法等については、慎重に検討する必要がある。

以下に示す（ア）～（カ）の内部告発をするにあたって、適切なものの数はどれか。（令和２年度Ⅱ―15）

（ア）自分の抗議が正当であることを自ら確信できるように、あらゆる努力を払う。
（イ）「倫理ホットライン」などの組織内手段を活用する。
（ウ）同僚の専門職が支持するように働きかける。
（エ）自分の直属の上司に、異議を知らしめることが適当な場合はそうすべきである。
（オ）目前にある問題をどう解決するかについて、積極的に且つ具体的に提言すべきである
（カ）上司が共感せず冷淡な場合は、他の理解者を探す。

① 6　② 5　③ 4　④ 3　⑤ 2

なお、すべての選択肢の内容が適切ですので、この問題の正答は①になります。

5. 知的財産権

技術者にとって、知的財産権は非常に重要な要素となっています。また、現在の技術を考える上でも将来の技術動向を決める上でも大きな影響を及ぼすものといえます。

なお、知的財産権の問題は、適性科目では常連問題ですので、しっかり内容を理解するようにしてください。

(1) 知的財産基本法

知的財産権については、その影響が国内だけにとどまらず国際的な広がりを持つことから、国際法としての視点で考える必要があります。知的財産に関しては、「知的財産基本法」が定められており、第1条の目的では、次の内容が示されています。

> この法律は、内外の社会経済情勢の変化に伴い、我が国産業の国際競争力の強化を図ることの必要性が増大している状況にかんがみ、新たな知的財産の創造及びその効果的な活用による付加価値の創出を基軸とする活力ある経済社会を実現するため、知的財産の創造、保護及び活用に関し、基本理念及びその実現を図るために基本となる事項を定め、国、地方公共団体、大学等及び事業者の責務を明らかにし、並びに知的財産の創造、保護及び活用に関する推進計画の作成について定めるとともに、知的財産戦略本部を設置することにより、知的財産の創造、保護及び活用に関する施策を集中的かつ計画的に推進することを目的とする。

また、第２条に知的財産が定義されており、『「知的財産」とは、発明、考案、植物の新品種、意匠、著作物その他の人間の創造的活動により生み出されるもの（発見又は解明がされた自然の法則又は現象であって、産業上の利用可能性があるものを含む。）、商標、商号その他事業活動に用いられる商品又は役務を表示するもの及び営業秘密その他の事業活動に有用な技術上又は営業上の情報をいう。』と示されています。それを表にまとめると、**図表 5.1** のようになります。

図表 5.1　知的財産権

知的財産権	
知的創作物についての権利	営業上の標識についての権利
特許権（特許法）*	商標権（商標法）*
実用新案権（実用新案法）*	商号（商法）
意匠権（意匠法）*	不正競争防止法関連（不正競争防止法）
著作権（著作権法）	
回路配置利用権（半導体集積回路の回路配置に関する法律）	
育成者権（種苗法）	
営業秘密（不正競争防止法）	

なお、図表 5.1 で＊印を付けた４つを産業財産権といいます。

（2） 特許法

特許法の基本的な考え方は、発明をした人がその新技術を早い時期に公開する代わりに、その人に特許権という独占権を一定期間与えて保護すると同時に、特許権消滅後は公開された情報を使って、産業が一層発展することが期待されています。また、権利化した特許から得られる対価に興味を持った多くの人が、発明に興味を持って技術の発展がさらに加速されていくことも期待されています。特許法では、『先願主義』という考え方を採用しており、発明が創作された時期にこだわらず、最初に特許庁に出願した者に対して特許権が付与されます。

また、発明とは、『自然法則を利用した技術的思想の創作のうちで高度なもの』と定義されています。このように、特許は自然法則を利用した創作であって、技術そのものではなく技術的思想に権利を与えるとされている点が重要です。さらに実際に特許として出願できるものは、産業上で利用ができる発明であり、新規性、進歩性のあるものとされていますので注意してください。なお、公の秩序、善良の風俗又は公衆の衛生を害するおそれがある発明については、特許を受けることができないと規定されています。

発明を分類すると、大きく「物の発明」と「方法の発明」の２つにわけられます。物の発明には、プログラム等の発明も含まれています。なお、特許法でプログラム等とは、「プログラムその他電子計算機による処理の用に供する情報であってプログラムに準ずるものをいう。」とされており、電気通信回線を通じた提供を含むとされています。方法の発明については、さらに「物の生産を伴う方法の発明」と「物の生産を伴わない発明」にわけられます。物の生産を伴わない発明とは、具体的には測定法や分析法などに関する発明をいいます。

（3） 実用新案法

実用新案法の目的は、「物品の形状、構造又は組合せに係る考案の保護及び利用を図ることにより、その考案を奨励し、もって産業の発達に寄与すること」で、実用新案法で権利が付与されるのは考案です。考案とは、「自然法則を利用した技術的思想の創作」をいい、発明とは異なり、高度なものという要求はありません。

（4） 知的財産権に関する出題例

知的財産権に関する出題例として、次のものがあります。

□ ものづくりに携わる技術者にとって、知的財産を理解することは非常に大事なことである。知的財産の特徴の一つとして、「もの」とは異なり「財産的価値を有する情報」であることが挙げられる。情報は、容易

に模倣されるという特質をもっており、しかも利用されることにより消費されるということがないため、多くの者が同時に利用することができる。こうしたことから知的財産権制度は、創作者の権利を保護するため、元来自由利用できる情報を、社会が必要とする限度で自由を制限する制度ということができる。

以下に示す（ア）～（コ）の知的財産権のうち、産業財産権に含まれないものの数はどれか。（令和２年度Ⅱ―5）

（ア）特許権（発明の保護）
（イ）実用新案権（物品の形状等の考案の保護）
（ウ）意匠権（物品のデザインの保護）
（エ）著作権（文芸、学術等の作品の保護）
（オ）回路配置利用権（半導体集積回路の回路配置利用の保護）
（カ）育成者権（植物の新品種の保護）
（キ）営業秘密（ノウハウや顧客リストの盗用など不正競争行為を規制）
（ク）商標権（商品・サービスで使用するマークの保護）
（ケ）商号（商号の保護）
（コ）商品等表示（不正競争防止法）

①　4　　②　5　　③　6　　④　7　　⑤　8

なお、産業財産権は、（ア）特許権、（イ）実用新案権、（ウ）意匠権、（ク）商標権ですので、それを除く6つとなります。よって、この問題の正答は③になります。

6. 著作権法

著作権が工業所有権と大きく違う点は、登録の必要がないことです。また著作権は、それを創作し、発表した時点で権利が得られます。

（1） 著作権法の目的と対象

著作権法の目的は第１条に「この法律は、著作物並びに実演、レコード、放送及び有線放送に関し著作者の権利及びこれに隣接する権利を定め、これらの文化的所産の公正な利用に留意しつつ、著作者等の権利の保護を図り、もって文化の発展に寄与することを目的とする。」と示されています。

著作権法で著作物とされるものは、下記のものになります。

① 小説、脚本、論文、講演その他の言語の著作物

② 音楽の著作物

③ 舞踊または無言劇の著作物

④ 絵画、版画、彫刻その他の美術の著作物

⑤ 建築の著作物

⑥ 地図または学術的な性質を有する図面、図表、模型その他の図形の著作物

⑦ 映画の著作物

⑧ 写真の著作物

⑨ プログラムの著作物

このなかで、科学者や技術者にかかわる著作物としては、論文、講演、建築、図面、プログラムなどが挙げられます。

（2） 著作権に関する用語の定義

著作権を考える場合には、用語の定義を知っていなければなりませんので、いくつかの用語の定義を下記に示します。

① 著作物

著作物は、「思想または感情を創作的に表現したものであって、文芸、学術、美術又は音楽の範囲に属するもの」とされていますので、思想や感情を創作に使っていないものは、著作物とはなりません。

② 著作者

著作者は、「著作物を創作する者」とされていますので、自分で創作してい

ない者は著作者とはならず、オリジナルの創作者が著作者となります。また、法人等の発意に基づいて、その法人等に従事する者が職務上作成する著作物（プログラムの著作物を除く。）で、その法人等が自己の著作の名義の下に公表するものの著作者は、その作成の時における契約、勤務規則その他に別段の定めがない限り、その法人等となります。

③　プログラム

プログラムは、「電子計算機を機能させて一の結果を得ることができるようにこれに対する指令を組み合わせたものとして表現したもの」とされています。

④　データベース

データベースも著作物となりますが、「論文、数値、図形その他の情報の集合物であって、それらの情報を電子計算機を用いて検索することができるように体系的に構成したもの」という条件があります。

⑤　二次的著作物

「著作物を翻訳し、編曲し、若しくは変形し、又は脚色し、映画化し、その他翻案することにより創作した著作物」は、二次的著作物として保護されます。

⑥　共同著作物

「2人以上の者が共同して創作した著作物で、その各人の寄与を分離して個別的に利用することができないもの」は共同著作物となり、共同著作物の著作者人格権は、著作者全員の合意によらなければ行使することができません。

（3）　著作者の権利

広義の著作権は、著作者人格権、（狭義の）著作権、著作隣接権などの権利から成り立っています。著作権の存続期間は、著作物の創作の時に始まり、著作者の死後（共同著作物は、最終に死亡した著作者の死後）70年間存続（映画を除く）します。無名または法人の著作物については、発表後70年存続します。

著作者人格権には、次の３つの権利があります。

①　公表権

未公開の著作物や二次的著作物を公衆に提供または提示する権利で、言い換えると、無断で公表されない権利ともいえます。

② 氏名表示権

著作物や二次的著作物の原作品に実名や変名を表示する権利および表示しない権利です。

③ 同一性保持権

著作物やその題号の同一性を保持する権利、言い換えると、無断で改変されない権利です。具体的な例では、歌の歌詞を替えて歌うような替え歌は違反行為になります。

(4) 使用の範囲

著作物は、個人的または家庭内等の限られた範囲内において使用することを目的とするとき、いわゆる私的使用の場合は使用する者が複製できるとされています。また、公表された著作物は、引用して利用できますが、引用は、公正な慣行に合致するもので、報道、批評、研究など、引用の目的上で正当な範囲内で行われるものでなければなりません。なお、国や地方公共団体の機関、独立行政法人、地方独立行政法人が一般に周知させることを目的として作成し、その名義で公表する広報資料、調査統計資料、報告書などの著作物は、説明の材料として新聞や雑誌などの刊行物に転載することができます。ただし、これを禁止する旨の表示がある場合はできません。

(5) 主張できる権利

権利を侵害された際に主張できる権利としては、次のようなものがあります。

① 差止請求権

② 損害の額の推定等

③ 名誉回復等の措置

著作権については、違法コピーも含めて違反行為が容易になされるという特徴があります。インターネットなどで掲載されている文章や写真などの安易な転用が著作権を侵害するなどの問題も最近は増えてきています。また、新聞や雑誌などに掲載された記事については、法人著作として権利が新聞社等にありますので、許可なく転用することはできません。このように、自分だけはよいだろうとか、転用してもたいした問題にはならないだろうと考えてしまうものが、著作権侵害になるという点を認識して、技術者も論文や資料の作成の際には十分に注意しなければなりません。

（6）　著作物に表現された思想又は感情の享受を目的としない利用

同法第30条の4では、著作物の利用に関して、「著作物は、次に掲げる場合その他の当該著作物に表現された思想又は感情を自ら享受し又は他人に享受させることを目的としない場合には、その必要と認められる限度において、いずれの方法によるかを問わず、利用することができる。ただし、当該著作物の種類及び用途並びに当該利用の態様に照らし著作権者の利益を不当に害することとなる場合は、この限りでない。」と規定されており、次の場合が示されています。

① 著作物の録音、録画その他の利用に係る技術の開発又は実用化のための試験の用に供する場合

② 情報解析（多数の著作物その他の大量の情報から、当該情報を構成する言語、音、影像その他の要素に係る情報を抽出し、比較、分類その他の解析を行うことをいう。）の用に供する場合

③ 前２号に掲げる場合のほか、著作物の表現についての人の知覚による認識を伴うことなく当該著作物を電子計算機による情報処理の過程における利用その他の利用（プログラムの著作物にあっては、当該著作物の電子計算機における実行を除く。）に供する場合

（7）　著作権法に関する出題例

著作権法に関連して出題された問題の選択肢を、適切な記述例と不適切な記述例にわけて整理すると、次のようになります。なお、適切なものと不適切な

ものを読み間違えないために、選択肢文の最初に、適切なものには○を、不適切なものには●を付けてあります。

(a) 適切な記述例

○ 目的上正当な範囲内であれば、引用は認められているが、全てを自由に引用できるわけではない。

○ 著作者は財産価値を持つ著作権に加えて、著作物を公表する権利、著作者名を表示し、又は著作者名を表示しないこととする権利、著作物及びその題号の同一性を保持する権利からなる「著作者人格権」と呼ばれる権利を持つ。

○ 公表された著作物は、引用して利用することができる。この場合において、その引用は、公正な慣行に合致するものであり、かつ、報道、批評、研究その他の引用の目的上正当な範囲内で行われるものでなければならない。

○ 個人の趣味で公開したインターネットのホームページ（Web ページ）に、アイドル歌手の写真集の気に入った写真をアップする行為は、著作権法違反になる。

(b) 不適切な記述例

● 著作権者の承諾がある場合を除き、引用は実質的に複製と同じ扱いとなるため、著作権者の承諾を得ることなく引用を行うことは、著作権侵害となる。

● 一般に公表されている論文であれば、自由に引用することができ、複製することも認められている。

● 引用は認められているが、目的上正当な範囲内かつ研究の目的で行われるものに限られる。

● 引用する学術論文が外国語論文である場合には、日本語論文の中で引用して利用する場合であっても、元の外国語のまま引用しなければならない。

● 著作物とは、思想又は感情を表現したものであって、文芸、学術、美術又は音楽の範囲に属するものをいう。以前は「思想又は感情を創作的に表現したもの」とされていたが、近年の著作権重視の流れの中で、「創作的」である必要がなくなった

● 公表されている著作物は、「禁転載」などの転載を禁止する旨の表示があ

る場合を除いて、いかなる著作物であっても著作者を明示しさえすれば、自由に利用することができる。

- 官公庁が作成した官公資料は、公共のために広く利用させるべき性質のものであるから、いかなる場合であっても説明の材料として転載できる。
- すべての著作物には著作権者がいるのだから、著作権がその保護期間を過ぎて無効となっていない限り、著作権者の許諾を得ることなしに引用して利用することは、例外なく違法である。
- 著作物に関する権利である著作権は、法的には所管官庁である特許庁に付与を申請し、審査して認められた場合に発生する権利である。
- プロの歌手は、自分の持ち歌に限って、作詞家の了解を得ずに歌詞を変更して歌うことが認められている。

(8)　著作権法の改正に関する出題例

著作権法の改正に関する出題例として、次のものがあります。

□　IoT・ビッグデータ・人工知能（AI）等の技術革新による「第4次産業革命」は我が国の生産性向上の鍵と位置付けられ、これらの技術を活用し著作物を含む大量の情報の集積・組合せ・解析により付加価値を生み出すイノベーションの創出が期待されている。

こうした状況の中、情報通信技術の進展等の時代の変化に対応した著作物の利用の円滑化を図るため、「柔軟な権利制限規定」の整備についての検討が文化審議会著作権分科会においてなされ、平成31年1月1日に、改正された著作権法が施行された。

著作権法第30条の4（著作物に表現された思想又は感情の享受を目的としない利用）では、著作物は、技術の開発等のための試験の用に供する場合、情報解析の用に供する場合、人の知覚による認識を伴うことなく電子計算機による情報処理の過程における利用等に供する場合その他の当該著作物に表現された思想又は感情を自ら享受し又は他人に享受させることを目的としない場合には、その必要と認められる限度において、利用することができるとされた。具体的な事例として、次の（ア）～（カ）のうち、上記に該当するものの数はどれか。(令和元年度再試験Ⅱ—9)

（ア）人工知能の開発に関し人工知能が学習するためのデータの収集行為、人工知能の開発を行う第三者への学習用データの提供行為
（イ）プログラムの著作物のリバース・エンジニアリング
（ウ）美術品の複製に適したカメラやプリンターを開発するために美術品を試験的に複製する行為や複製に適した和紙を開発するために美術品を試験的に複製する行為
（エ）日本語の表記の在り方に関する研究の過程においてある単語の送り仮名等の表記の方法の変遷を調査するために、特定の単語の表記の仕方に注目した研究の素材として著作物を複製する行為
（オ）特定の場所を撮影した写真などの著作物から当該場所の 3DCG 映像を作成するために著作物を複製する行為
（カ）書籍や資料などの全文をキーワード検索して、キーワードが用いられている書籍や資料のタイトルや著者名・作成者名などの検索結果を表示するために書籍や資料などを複製する行為

① 2　② 3　③ 4　④ 5　⑤ 6

すべて著作物に表現された思想又は感情の享受を目的としない利用に該当するので、この問題の正答は⑤になります。

なお、著作権法は令和２年にも次のような点が改正されています。

1)　リーチサイト対策（運営する行為等を刑事罰対象など）
2)　侵害コンテンツのダウンロード違法化（違法と知りつつダウンロードする行為を一定条件で違法）

3)　写り込みに係る権利制限規定の対象範囲の拡大
4)　行政手続に係る権利制限規定の整備
5)　著作物を利用する権利に関する対抗制度の導入
6)　著作権侵害訴訟における証拠収集手続の強化
7)　アクセスコントロールに関する保護の強化
8)　プログラムの著作物に係る登録制度の整備

7. 不正競争防止法

不正競争防止法の目的は、「事業者間の公正な競争及びこれに関する国際約束の的確な実施を確保するため、不正競争の防止及び不正競争に係る損害賠償に関する措置等を講じ、もって国民経済の健全な発展に寄与すること」とされています。

（1）　不正競争とは

不正競争とは、次に掲げるようなものをいいます。

①　他人の商品等表示として需要者の間に広く認識されているものと同一や類似の商品等表示を使用、その商品等表示を使用した商品を譲渡等して、他人の商品や営業と混同を生じさせる行為
②　自己の商品等表示として他人の著名な商品等表示と同一や類似のものを使用、その商品等表示を使用した商品を譲渡等や電気通信回線を通じて提供する行為
③　他人の商品の形態を模倣した商品を譲渡、貸し渡し、展示等する行為
④　窃取、詐欺、強迫その他の不正の手段により営業秘密を取得する行為や営業秘密不正取得行為により取得した営業秘密を使用や開示する行為
⑤　営業秘密不正取得行為が介在したことを知るか、重大な過失により知らないで営業秘密を取得したり、取得した営業秘密を使用や開示する行為
⑥　取得した後に営業秘密不正取得行為が介在したことを知るか、重大な過

失により知らないで、取得した営業秘密を使用や開示する行為

⑦　営業秘密を保有する事業者（以下「営業秘密保有者」という。）からその営業秘密を示された場合において、不正の利益を得る目的やその営業秘密保有者に損害を加える目的で、その営業秘密を使用や開示する行為

⑧　営業秘密不正開示行為であることや営業秘密不正開示行為が介在したことを知るか、重大な過失により知らないで営業秘密を取得したり、取得した営業秘密を使用や開示する行為

⑨　窃取、詐欺、強迫その他の不正の手段により限定提供データを取得する行為（以下「限定提供データ不正取得行為」という。）や限定提供データ不正取得行為により取得した限定提供データを使用や開示する行為

等です。

なお、この法律において営業秘密は、「秘密として管理されている生産方法、販売方法その他の事業活動に有用な技術上又は営業上の情報であって、公然と知られていないもの」と定義されています。

（2）　不正競争防止法に関する出題例

不正競争防止法に関連して出題された問題の選択肢を、適切な記述例と不適切な記述例にわけて整理すると、次のようになります。なお、適切なものと不適切なものを読み間違えないために、選択肢文の最初に、適切なものには○を、不適切なものには●を付けてあります。

(a)　適切な記述例

○　顧客名簿や新規事業計画書は、企業の研究・開発や営業活動の過程で生み出されたものなので営業秘密である。

○　有害物質の垂れ流し、脱税等の反社会的な活動についての情報は、法が保護すべき正当な事業活動ではなく、有用性があるとはいえないため、営業秘密に該当しない。

○　刊行物に記載された情報や特許として公開されたものは、営業秘密には該当しない。

○　「営業秘密」として法律により保護を受けるための要件の1つは、秘密として管理されていることである。

○　営業秘密は公然と知られていない必要があるため、刊行物に記載された情報や特許として公開されたものは、営業秘密には該当しない。

○　情報漏洩は、現職従業員や中途退職者、取引先、共同研究先等を経由した多数のルートがあり、近年、サイバー攻撃による漏洩も急増している。

(b)　不適切な記述例

●　製造ノウハウやそれとともに製造過程で発生する有害物質の河川への垂れ流しといった情報は、社外に漏洩してはならない営業秘密である。

●　技術やノウハウ等の情報が「営業秘密」として不正競争防止法で保護されるためには、(1) 秘密として管理されていること、(2) 有用な営業上又は技術上の情報であること、(3) 公然と知られていないこと、の３つの要件のどれか１つに当てはまれば良い。

●　営業秘密は現実に利用されていることに有用性があるため、利用されることによって、経費の節約、経営効率の改善等に役立つものであっても、現実に利用されていない情報は、営業秘密に該当しない。

●　営業秘密には、設計図や製法、製造ノウハウ、顧客名簿や販売マニュアルに加え、企業の脱税や有害物質の垂れ流しといった反社会的な情報も該当する。

（３）　情報漏洩に関する出題例

情報漏洩に関する出題例として、次のものがあります。

□　**企業や組織は、保有する営業情報や技術情報を用いて、他社との差別化を図り、競争力を向上させている。これら情報の中には秘密とすることでその価値を発揮するものも存在し、企業活動が複雑化する中、秘密情報の漏洩経路も多様化しており、情報漏洩を未然に防ぐための対策が企業に求められている。情報漏洩対策に関する次の（ア）～（カ）の記**

述について、不適切なものの数はどれか。(令和元年度Ⅱ—9)

(ア) 社内規定等において、秘密情報の分類ごとに、アクセス権の設定に関するルールを明確にした上で、当該ルールに基づき、適切にアクセス権の範囲を設定する。

(イ) 秘密情報を取扱う作業については、複数人での作業を避け、可能な限り単独作業で実施する。

(ウ) 社内規定に基づいて、秘密情報が記録された媒体等(書類、書類を綴じたファイル、USB メモリ、電子メール等)に、自社の秘密情報であることが分かるように表示する。

(エ) 従業員同士で互いの業務態度が目に入ったり、背後から上司等の目につきやすくするような座席配置としたり、秘密情報が記録された資料が保管された書棚等が従業員等からの死角とならないようにレイアウトを工夫する。

(オ) 電子データを暗号化したり、登録された ID でログインした PC からしか閲覧できないような設定にしておくことで、外部に秘密情報が記録された電子データを無断でメールで送信しても、閲覧ができないようにする。

(カ) 自社内の秘密情報をペーパーレスにして、アクセス権を有しない者が秘密情報に接する機会を少なくする。

① 0　② 1　③ 2　④ 3　⑤ 4

(イ) のように単独作業をさせると、監視が行き届かず、個人の不正を許す要因となりますので、(イ) は不適切です。それ以外は適切な記述ですので、この問題の正答は②になります。

第6章

リスクと安全社会

社会活動においてリスクは避けられませんので、技術者はリスクマネジメントについて知識を持っておく必要があります。また、企業の活動に対しては、労働者の安全を確保するために、労働安全衛生法や労働基準法が整備されていますし、規格の面でもJIS Z8051（安全側面―規格への導入指針）が規定されています。さらに人々の安全確保のための社会安全や、情報化社会における情報セキュリティなども重要性を増しています。最近では、災害被害の激甚化や頻発化も顕著になってきていますので、危機に対する事業継続計画（BCP）の策定が求められています。

1. リスクマネジメント

リスクマネジメントは、リスクを定量的に捉える手法で、確率の考え方を用います。リスク値は、次の式で表されますので、リスク値を下げるには、被害額を少なくするか、被害が起きる発生確率を下げるか、その両方を下げるかという方法をとります。

リスク値＝【被害額（影響度)】×【被害が起きる発生確率（生起確率)】

通常、リスクを考える場合には、**図表6.1**のようなリスクマトリクスを用います。

なお、リスクを低減することはできても、リスクをゼロにすることはできません。また、環境の変化や条件の変化によってリスク値は変化していきますの

図表 6.1　リスクマトリクス

		影響度		
		小	中	大
生起確率	高	中 or 低	高	高
	中	低	高 or 中	高
	低	低	中 or 低	高 or 中

で、一度判断した結果がそれ以後も適切な判断であり続けると考えるのは間違いです。そのため、継続的にリスク評価をしていかなければなりません。

（1）　リスク対応

リスク対応の基本的な方針は、リスク値が高い（図表6.1の右上）の事象をできるだけ低い（同左下）に持っていく方策を検討します。リスクへの対応の仕方には、通常、次の4つの方法があります。

①　リスク削減

リスク削減の方法としては、リスクの発生確率を下げるか、リスクの影響度（損害額）を少なくするか、その両方を下げる方法があります。

②　リスク移転

リスク移転の方法の1つとして、その実務の専門家（会社）に委託する方法があります。この方法では、専門家は専門知識や経験があるので、リスク値を低くする術を有しています。また、海難事故のように損害金額が大きいものについては、保険を掛ける方法が取られますが、これもリスク移転策になります。

③　リスク回避

リスク回避には、現在実施しようとしている手法を違うものに変更するとか、その事業や投資自体を断念するなどの方法があります。

④　リスク保有

リスク保有は、積極的なリスク対策を実施する方が高くつく場合などに、リスク自体を受容（保有）して、リスク事象の監視を継続しながら、その経緯によって対策を考えるような、対策を先延ばしする方法になります。

リスク評価において、技術者は客観的な評価を行う傾向にありますが、公衆の場合には、未経験のリスクに対して過大や過小に評価する一般的な傾向があります。公衆が、技術に対して過大に評価する傾向を示す言葉として、「フランケンシュタイン・コンプレックス」があります。フランケンシュタインは、メアリー・シェリーが1831年に発表した怪奇小説の中にでてくる怪物（人造人間）を造ったスイス人科学者の名前です。この怪物自体は無名で、死体を材料に作り出されたのですが、創造主であるフランケンシュタインの身近な人たちを次々に殺害し、最終的にフランケンシュタインを道連れに死にます。この小説の影響で、被造物が創造主を滅ぼすという定説が生まれました。このように、被造物（技術）が創造者（技術者）でも制御できなくなり、危険な結果を起こすのではないかという不安感を「フランケンシュタイン・コンプレックス」と科学者であり作家であったアイザック・アシモフが呼んだことから一般化した言葉です。

（２）　リスクマネジメントに関する国際規格

リスクマネジメントに関する国際規格としてはISO31000があります。ISO31000では、用語および意義を次のように示しています。

① リスク

目的に対する不確かさの影響。

② リスクマネジメント

リスクについて、組織を指揮統制するための調整された活動。

③ リスクアセスメント

リスクアセスメントとは、リスク特定、リスク分析及びリスク評価を網羅するプロセス全体を指す。

④ リスク特定

リスク特定の意義は、組織の目的の達成を助ける又は妨害する可能性のあるリスクを発見し、認識し、記述することである。リスクの特定に当たっては、現況に即した、適切で最新の情報が重要である。

⑤　リスク分析

リスク分析の意義は、必要に応じてリスクのレベルを含め、リスクの性質及び特徴を理解することである。リスク分析には、不確かさ、リスク源、結果、起こりやすさ、事象、シナリオ、管理策及び管理策の有効性の詳細な検討が含まれる。一つの事象が複数の原因及び結果をもち、複数の目的に影響を与えることがある。

⑥　リスク評価

リスク評価の意義は、決定を裏付けることである。リスク評価は、どこに追加の行為をとるかを決定するために、リスク分析の結果と確立されたリスク基準との比較を含む。

⑦　リスク対応

リスク対応の意義は、リスクに対処するための選択肢を選定し、実施することである。

ISO31000のリスク定義の特徴としては、リスクの影響について、「好ましいもの、好ましくないもの、又はその両方の場合があり得る。」としている点があります。また、リスクの対応方法によって、対象とするリスクを低減する対応を行うことによっては、別のリスクを発生させる場合がある点も重要視しています。加えて、リスクマネジメントの考え方が組織の風土として定着することを求めています。

2. 労働安全衛生法

労働安全衛生法は、「労働災害の防止のための危害防止基準の確立、責任体制の明確化及び自主的活動の促進の措置を講ずる等その防止に関する総合的計画的な対策を推進することにより職場における労働者の安全と健康を確保するとともに、快適な職場環境の形成を促進する」ことを目的とした法律です。

第66条では、「事業者は、労働者に対し、厚生労働省令で定めるところにより、医師による健康診断を行わなければならない。」と規定されており、常時50人以上の労働者を使用する事業者は、健康診断の結果を、遅滞なく、所轄労働基準監督所長に提出しなければなりません。

第57条の3第1項では、「事業者は、厚生労働省令で定めるところにより、第57条第1項の政令で定める物及び通知対象物による危険性又は有害性等を調査しなければならない。」と規定されています。対象となる化学物質は、安全データシート（SDS）の交付義務の対象である640物質となっています。対象となる事業所は、業種・事業規模にかかわらず、対象となる化学物質を製造または取り扱いを行うすべての事業場となっていますので、製造業や建設業に限らず、清掃業、卸売・小売業、飲食業、医療・福祉業なども対象となります。なお、安全データシートとは、事業者が、化学物質および化学物質を含んだ製品を労働環境における使用および他の事業者に譲渡・提供する際に交付する化学物質の危険有害性情報を記載した文章です。

（1）　労働災害の防止

労働災害の要因を分析すると、「何らかの不安全な状態を原因とするもの」か「何らかの不安全な行動を原因とするもの」の２つで９割を超えています。そのため労働災害の防止をするには、これらをなくす対策を講じる必要があります。具体的には、次のような活動が行われています。

(a)　ハインリッヒの法則とヒヤリハット活動

ハインリッヒの法則とは、安全分野の先取りの原則として有名な法則で、アメリカの損保会社の技師であったハインリッヒ（1886―1962）が、1929年に過去に起こった労働災害事故約50万件を調査した結果から発表したものです。ことばで示すと、『1件の死亡事故のような重大な障害が発生したとすると、その背後には29件の軽度な障害と、災害統計には現れない300件の障害のない災害がある。』というものです。これを図示すると、**図表6.2**のようになります。

この法則が示したいことは、１件の重大事故や死亡事故を防ぐためには、図

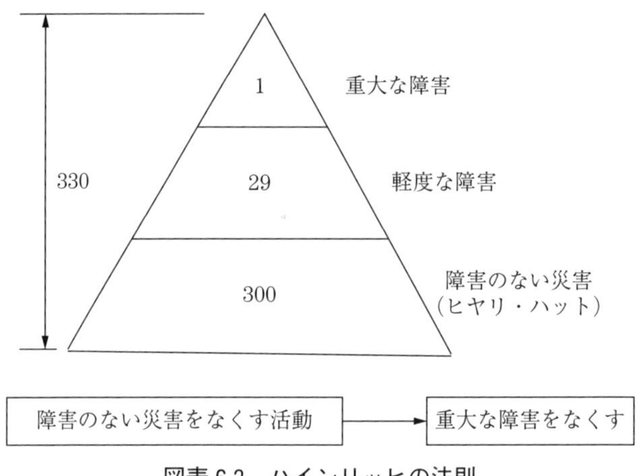

図表 6.2　ハインリッヒの法則

の一番底辺に示されていて報告として上がってこない、障害のない災害をなくしていくことが大切であるという点です。この障害のない災害を「ヒヤリハット」と呼んでおり、このヒヤリハットをなくすための活動が「ヒヤリハット活動」で、将来の重大災害につながる可能性のある重要な事故を発見できる活動となっています。なお、ヒヤリハット活動は、可能な限り早期に報告させて、早期に対策を行うとともに、同様の業務を行っているチームにその情報を提供することも重要といわれています。

(b)　4S 活動と 5S 活動

労働安全衛生法では、第 3 条で、快適で安全な職場環境を作ることなどによって、職場における労働者の安全と健康を確保することが事業者の責務と規定しています。その方法として、「整理」、「整頓」、「清掃」、「清潔」の頭の S をとり、「4S 活動」を実施しているところが多くあります。4S に「しつけ」を加えて、「5S 活動」と称しているところもあります。それらの内容は次のとおりです。

①　整理：要るものと要らないものに区分して、要らないものを処分する。

②　整頓：要るものを所定の場所に、表示をしてきちんと置く。

③　清掃：きれいに掃除する。

④　清潔：いつ誰が見ても、だれが使っても、不快感を与えないようにきれいにしておく。

⑤　しつけ：職場のルールや規律を守る。

(c)　ヒューマンエラー対策

労働基準監督署が示している「製造業における労働災害防止対策」では、ヒューマンエラーとは、「意図しない結果を生じる人間の行為」としており、ヒューマンエラーを下記の12分類としています。

①　危険軽視・慣れ
②　不注意
③　無知・未経験・不慣れ
④　近道・省略行動
⑤　高齢者の心身機能低下
⑥　錯覚
⑦　場面行動本能
⑧　パニック
⑨　連絡不足
⑩　疲労
⑪　単調作業による意識低下
⑫　集団欠陥

(2)　リスクアセスメント

労働安全衛生法の第28条の2では、次のようなリスクアセスメントに関する規定が設けられています。

> 第28条の2　事業者の行うべき調査等
>
> 事業者は、厚生労働省令で定めるところにより、建設物、設備、原材料、ガス、蒸気、粉じん等による、又は作業行動その他業務に起因する危険性又は有害性等を調査し、その結果に基づいて、この法律又はこれに基づく

命令の規定による措置を講ずるほか、労働者の危険又は健康障害を防止するため必要な措置を講ずるように努めなければならない。ただし、当該調査のうち、化学物質、化学物質を含有する製剤その他の物で労働者の危険又は健康障害を生ずるおそれのあるものに係るもの以外のものについては、製造業その他厚生労働省令で定める業種に属する事業者に限る。

この条文に関して、労働安全衛生規則の第24条の11で有害性等の調査時期は次のように定められています。

① 建設物の設置、移転、変更、解体時

② 設備、原材料等を新規に採用または変更するとき

③ 作業方法や作業手順を新規に採用または変更するとき

④ 建設物、設備、原材料、ガス、蒸気、粉じん等、または作業行動その他業務に起因する危険性または有害性等について変化が生じるか、生ずるおそれがあるとき

なお、製造業以外で実施しなければならない業種は次にものになります。

ⓐ 林業、鉱業、建設業、運送業、清掃業

ⓑ 電気業、ガス業、熱供給業、水道業、通信業、各種商品卸売業、家具・建具・じゅう器等卸売業、各種商品小売業、家具・建具・じゅう器小売業、燃料小売業、旅館業、ゴルフ場業、自動車整備業、機械修理業

労働安全衛生法の第28条の2では、「事業者の行うべき調査等」が規定されており、厚生労働省から、「危険性又は有害性等の調査等に関する指針」が出されています。そこでは次のような内容を示しています。

3．実施内容

事業者は、調査及びその結果に基づく措置（以下、「調査等」という。）として、次に掲げる事項を実施するものとする。

(1)　労働者の就業に係る危険性又は有害性の特定

(2)　(1)により特定された危険性又は有害性によって生ずるおそれのある負傷又は疾病の重篤度及び発生する可能性の度合（以下「リスク」という。）の見積り

(3)　(2)の見積りに基づくリスクを低減するための優先度の設定及びリスクを低減するための措置（以下「リスク低減措置」という。）内容の検討

(4)　(3)の優先度に対応したリスク低減措置の実施

4．実施体制等（内容省略）

5．実施時期（内容省略）

6．対象の選定

事業者は、次により調査等の実施対象を選定するものとする。

(1)　過去に労働災害が発生した作業、危険な事象が発生した作業等、労働者の就業に係る危険性又は有害性による負傷又は疾病の発生が合理的に予見可能であるものは、調査等の対象とすること。

(2)　(1)のうち、平坦な通路における歩行等、明らかに軽微な負傷又は疾病しかもたらさないと予想されるものについては、調査等の対象から除外して差し支えないこと。

7．情報の入手（内容省略）

8．危険性又は有害性の特定

(1)　事業者は、作業標準等に基づき、労働者の就業に係る危険性又は有害性を特定するために必要な単位で作業を洗い出した上で、各事業場における機械設備、作業等に応じてあらかじめ定めた危険性又は有害性の分類に則して、各作業における危険性又は有害性を特定するものとする。

(2)　事業者は、(1)の危険性又は有害性の特定に当たり、労働者の疲労等の危険性又は有害性への付加的影響を考慮するものとする。

〔出典：危険性又は有害性等の調査等に関する指針（厚生労働省）〕

さらに厚生労働省は、「事例でわかる職場のリスクアセスメント」を発行し

ていますが、その中で、「リスクアセスメント導入による効果」を次のように示しています。

> **5　リスクアセスメント導入による効果**
> ①　職場のリスクが明確になります
> ②　リスクに対する認識を共有できます
> ③　安全対策の合理的な優先順位が決定できます
> ④　残ったリスクに対して「守るべき決めごと」の理由が明確になります
> ⑤　職場全員が参加することにより「危険」に対する感受性が高まります
> 〔出典：事例でわかる職場のリスクアセスメント（厚生労働省）〕

なお、化学物質を扱う場合にも、次のようなリスクアセスメントを行うことが義務化されています。

> **第57条の4　化学物質の有害性の調査**
> 化学物質による労働者の健康障害を防止するため、既存の化学物質として政令で定める化学物質以外の化学物質（以下この条において「新規化学物質」という。）を製造し、又は輸入しようとする事業者は、あらかじめ、厚生労働省令で定めるところにより、厚生労働大臣の定める基準に従って有害性の調査（当該新規化学物質が労働者の健康に与える影響についての調査をいう。以下この条において同じ。）を行い、当該新規化学物質の名称、有害性の調査の結果その他の事項を厚生労働大臣に届け出なければならない。

さらに、同条第2項で、有害性の調査を行った事業者は、その結果に基づいて、その新規化学物質による労働者の健康障害を防止するため必要な措置を速やかに講じなければならないとされています。

リスク対応に関しては、「ALARPの原則」という言葉がありますが、ALARPはas low as reasonably practicableの略であり、リスクは合理的で実効可能な限りできるだけ低くしなければならないという原則になります。

（3）　労働安全衛生法に関する出題例

労働安全衛生法に関連して出題された問題の選択肢を、適切な記述例（適用される場合）と不適切な記述例（適用されない場合）にわけて整理すると、次のようになります。なお、適切なものと不適切なものを読み間違えないために、選択肢文の最初に、適切なものには○を、不適切なものには●を付けてあります。

(a)　適切な記述例

○　総合的かつ計画的な安全衛生対策を推進するためには、目的達成の手段方法として「労働災害防止のための危害防止基準の確立」「責任体制の明確化」「自主的活動の促進の措置」などがある。

○　労働災害の原因は、設備、原材料、環境などの「不安全な状態」と、労働者の「不安全な行動」に分けることができ、災害防止には不安全な状態・不安全な行動を無くす対策を講じることが重要である。

○　ヒヤリハット活動は、作業中に「ヒヤっとした」「ハッとした」危険有害情報を活用する災害防止活動である。情報は、朝礼などの機会に報告するようにし、「情報提供者を責めない」職場ルールでの実施が基本となる。

○　安全データシート（SDS：Safety Data Sheet）は、化学物質の危険有害性情報を記載した文章のことであり、化学物質及び化学物質を含む製品の使用者は、危険有害性を把握し、リスクアセスメントを実施し、労働者へ周知しなければならない。

○　労働衛生の健康管理とは、労働者の健康状態を把握し管理することで、事業者には健康診断の実施が義務づけられている。一定規模以上の事業者は、健康診断の結果を行政機関へ提出しなければならない。

○　事業者は、以下の時期に調査及びその結果に基づく措置を行うよう規定されている。

(1)　建設物を設置し、移転し、変更し、又は解体するとき

(2)　設備、原材料を新規に採用し、又は変更するとき

(3)　作業方法又は作業手順を新規に採用し、又は変更するとき

(4)　その他、事業場におけるリスクに変化が生じ、又は生ずるおそれのあるとき

○　事業者は、各事業場における機械設備、作業等に応じてあらかじめ定めた危険性又は有害性の分類に則して、各作業における危険性又は有害性を特定するに当たり、労働者の疲労等の危険性又は有害性への付加的影響を考慮する。

○　リスク評価の考えた方として、「ALARPの原則」がある。ALARPは、合理的に実行可能なリスク低減措置を講じてリスクを低減することで、リスク低減措置を講じることによって得られる効果に比較して、リスク低減費用が著しく大きく、著しく合理性を欠く場合は、それ以上の低減対策を講じなくてもよいという考え方である。

○　リスクアセスメントは、事業者自らが職場にある危険性又は有害性を特定し、災害の重篤度（危害のひどさ）と災害の発生確率に基づいて、リスクの大きさを見積もり、受け入れ可否を評価することである。

○　事業者は、職場における労働災害発生の芽を事前に摘み取るために、設備、原材料等や作業行動等に起因するリスクアセスメントを行い、その結果に基づいて、必要な措置を実施するように努めなければならない。なお、化学物質に関しては、リスクアセスメントの実施が義務化されている。

(b)　不適切な記述例

●　ハインリッヒの法則では、「人間が起こした330件の災害のうち、1件の重い災害があったとすると、29回の軽傷、傷害のない事故を300回起こしている」とされる。29の軽傷の要因を無くすことで重い災害を無くすことができる。

● 安全の4S活動は、職場の安全と労働者の健康を守り、そして生産性の向上を目指す活動として、整理（Seiri)、整頓（Seiton)、清掃（Seisou)、しつけ（Shituke）がある。

● 過去に労働災害が発生した作業、危険な事象が発生した作業等、労働者の就業に係る危険性又は有害性による負傷又は疾病の発生が合理的に予見可能であるものは全て調査対象であり、平坦な通路における歩行等、明らかに軽微な負傷又は疾病しかもたらさないと予想されたものについても調査等の対象から除外してはならない。

● リスク低減措置は、リスク低減効果が高い措置を優先的に実施することが必要で、次の順序で実施することが規定されている。

(1)　危険な作業の廃止・変更等、設計や計画の段階からリスク低減対策を講じること

(2)　インターロック、局所排気装置等の設置等の工学的対策

(3)　個人用保護具の使用

(4)　マニュアルの整備等の管理的対策

3. 労働基準法

労働基準法の第1条では、「労働条件の原則」が示されており、「労働条件は、労働者が人たるに値する生活を営むための必要を充たすべきものでなければならない。」とされています。

(1)　労働時間

労働時間に関しては、第32条で次のように定められています。

第32条

使用者は、労働者に、休憩時間を除き1週間について40時間を超えて、労働させてはならない。

2. 使用者は、1週間の各日については、労働者に、休憩時間を除き1日について8時間を超えて、労働させてはならない。

なお、「1日8時間および1週40時間」を法定労働時間といいます。

フレックスタイム制については、第32条の3で、「始業及び終業の時刻をその労働者の決定にゆだねることとした労働者について、(中略)清算期間として定められた期間を平均し1週間当たりの労働時間が第32条第1項の労働時間を超えない範囲内において、同条の規定にかかわらず、1週間において同項の労働時間又は1日において同条第2項の労働時間を超えて、労働させることができる。」とされています。

(2) 時間外及び休日の労働

いわゆる三六協定といわれる労使協定を締結する根拠となる条文の内容が、下記の第36条になります。

第36条

使用者は、当該事業場に、労働者の過半数で組織する労働組合がある場合においてはその労働組合、労働者の過半数で組織する労働組合がない場合においては労働者の過半数を代表する者との書面による協定をし、厚生労働省令で定めるところによりこれを行政官庁に届け出た場合においては、第32条から第32条の5まで若しくは第40条の労働時間(「労働時間」)又は前条の休日に関する規定にかかわらず、その協定で定めるところによって労働時間を延長し、又は休日に労働させることができる。ただし、坑内労働その他厚生労働省令で定める健康上特に有害な業務の労働時間の延長は、1日について2時間を超えてはならない。

3 前項第4号の労働時間を延長して労働させることができる時間は、当該事業場の業務量、時間外労働の動向その他の事情を考慮して通常予見される時間外労働の範囲内において、限度時間を超えない時間に限る。

4　前項の限度時間は、1箇月について45時間及び1年について360時間とする。

第4項に示された限度時間は、所定労働時間ではなく、法定労働時間を超えた時間です。所定労働時間は、労働契約や就業規則で定められた始業時間から終業時間までの時間（休息時間を除く）をいいます。

また、労働時間の把握に関しては、労働安全衛生法第66条8の3で、「事業者は、（中略）、厚生労働省令で定める方法により、労働者の労働時間の状況を把握しなければならない。」と規定されています。把握の方法としては、厚生労働省が策定した「労働時間の適正な把握のために使用者が講ずべき措置に関するガイドライン」の第4項（2）で「使用者が、自ら現認することにより確認し、適正に記録すること」と「タイムカード、ICカード、パソコンの使用時間の記録等の客観的な記録を基礎として確認し、適正に記録すること」が示されています。また、同ガイドラインの第3項では、「労働時間とは、使用者の指揮命令下に置かれている時間のことをいい、使用者の明示又は黙示の指示により労働者が業務に従事する時間は労働時間に当たる。」と示しています。具体的な例として、「休憩や自主的な研修、教育訓練、学習等であるため労働時間ではないと報告されていても、実際には、使用者の指示により業務に従事しているなど使用者の指揮命令下に置かれていたと認められる時間については、労働時間として扱わなければならない。」としています。また、「管理監督者」については、労働基準法第41条で、労働時間、休憩及び休日に関する規定は適用しないと規定されていますが、厚生労働省等が公表している「労働基準法における管理監督者の範囲の適正化のために」で、「管理監督者であっても、深夜業（22時から翌日5時まで）の割増賃金は支払う必要があります。また、年次有給休暇も一般労働者と同様に与える必要があります。」と示しています。

なお、労働安全衛生法第66条の8では、「事業者は、その労働時間の状況その他の事項が労働者の健康の保持を考慮して厚生労働省令で定める要件に該当する労働者に対し、厚生労働省令で定めるところにより、医師による面接指導を行わなければならない。」と規定しており、長時間労働者へのケアが義務付けられています。

4. JIS Z8051（安全側面―規格への導入指針）

JIS Z8051は、2014年に発行された「ISO／IEC ガイド51」を基に、技術的内容及び構成を変更することなく作成された規格です。

JIS Z8051では、用語を次のように定義しています。

> ① 危害
> 人への傷害若しくは健康障害、又は財産及び環境への損害。
> ② ハザード
> 危害の潜在的な源。
> ③ 本質的安全設計
> ハザードを除去する及び／又はリスクを低減させるために行う、製品又はシステムの設計変更又は操作特性を変更するなどの方策。
> ④ 残留リスク
> リスク低減方策が講じられた後にも残っているリスク。
> ⑤ リスク
> 危害の発生確率及び危害の度合いの組合せ。
> ⑥ 安全
> 許容不可能なリスクがないこと。
> ⑦ 許容可能なリスク
> 現在の社会の価値観に基づいて、与えられた状況下で、受け入れられるリスクのレベル。
>
> 〔出典：JIS Z8051〕

JIS Z8051では、「許容可能なリスクの達成のためには、それぞれのハザードについてのリスクアセスメント及びリスク低減の反復プロセスが必須である。」としており、**図表 6.3** に示すプロセスを示しています。

令和２年度試験において、図表 6.3 の［　　］部を穴埋めする問題が出題され

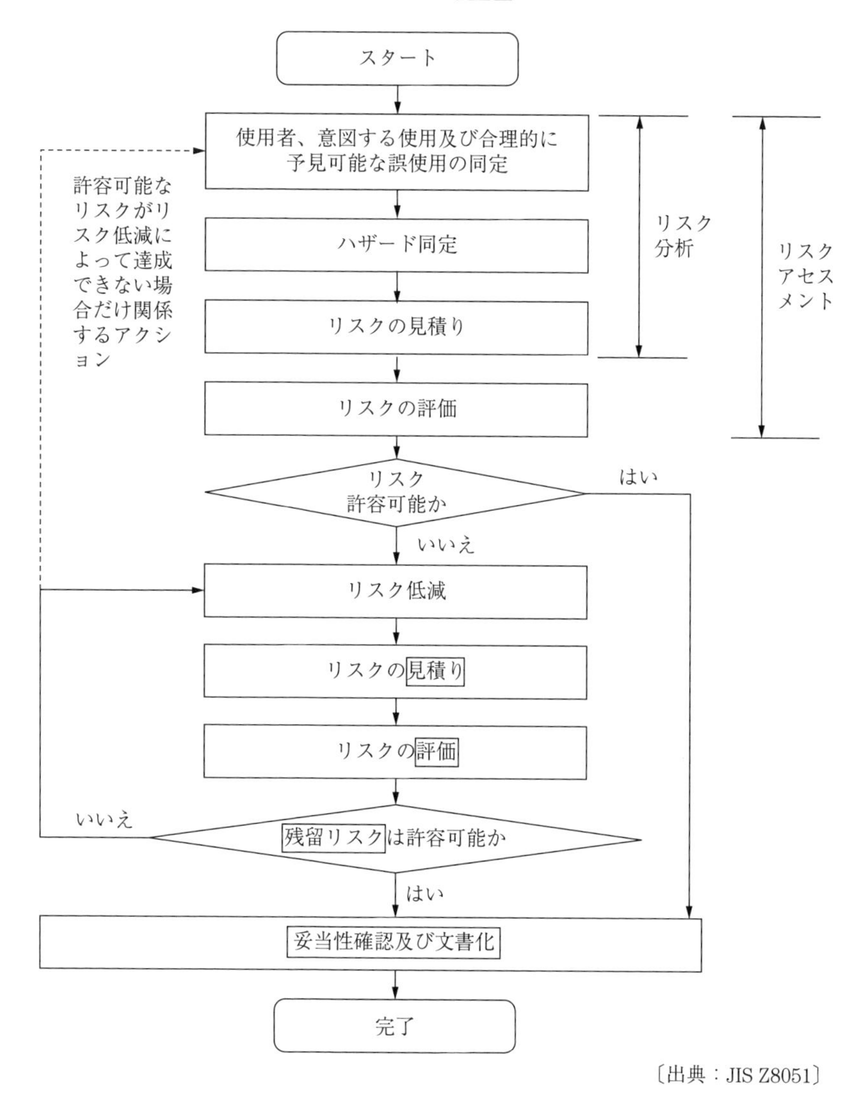

〔出典：JIS Z8051〕

図表 6.3　リスクアセスメント及びリスク低減の反復プロセス

ています。

なお、JIS Z8051では、「全ての製品及びシステムにはハザードが含まれており、このため、あるレベルの残留リスクを含んでいる。したがって、これらのハザードに関連するリスクは、許容可能なレベルにまで低減することが望ましい。」としています。また、リスク低減については、設計段階と使用段階にわけて**図表6.4**のように方策を示しています。

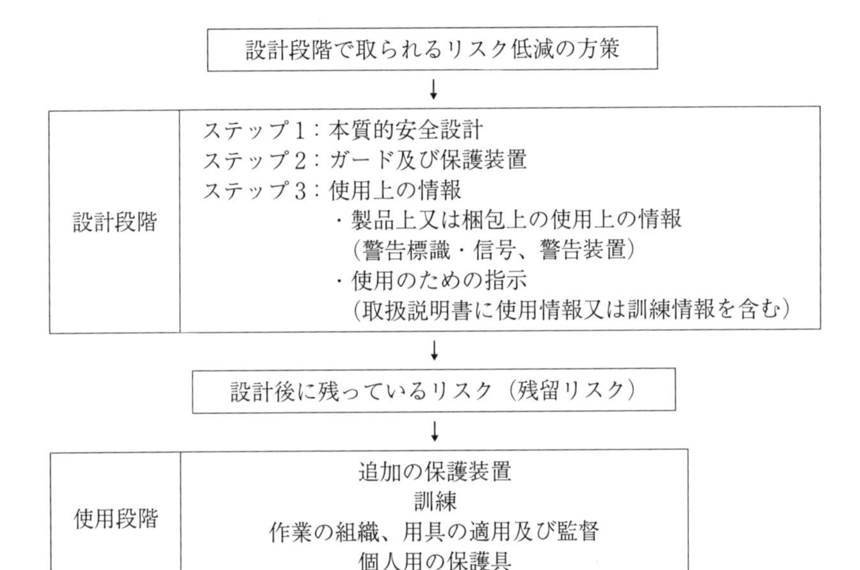

図表6.4　リスク低減―設計段階及び使用段階での両社の努力

図表6.4に示すとおり、設計段階におけるリスクを低減するための優先順位を次のように示しています。

① 本質的安全設計

② ガード及び保護装置

③ 最終使用者のための使用上の情報

なお、取扱説明書については、「製品の場合、取扱説明書は、必要に応じて適切に、組立て、使用、清掃、メンテナンス、解体、及び破壊又は廃棄について明示していることが望ましい。」としています。また、「取扱説明書には製品を誤使用した場合の救済措置を示すのがよい。」とも示しています。

一方、警告については、次のような条件を示しています。

① 明白で、読みやすく、容易に消えなく、かつ、理解しやすいもの

② 製品又はシステムが使われる国／国々の公用語で書く。ただし、特別な技術分野に関連した特定の言語が適切な場合を除く。

③ 簡潔で明確に分かりやすい文章とする。

また、警告の内容に関しては、「警告を無視した場合の、製品のハザード、ハザードによってもたらされる危害、及びその結果について記載することが望ましい。」と示しています。

これまでに出題されたJIS Z8051に関する問題の選択肢文を適切な記述例と不適切な記述例にわけて整理すると、次のようになります。なお、適切なものと不適切なものを読み間違えないために、選択肢文の最初に、適切なものには○を、不適切なものには●を付けてあります。

(a)　適切な記述例

○　ある海外工場から充電式掃除機を他国へ輸出したが、「警告」の表示は、明白で、読みやすく、容易で消えなく、かつ、理解しやすいものとした。また、その表記は、製造国の公用語だけでなく、輸出であることから国際的にも判るように、英語も併記した。

○　介護ロボットを製造販売したが、「警告」には、警告を無視した場合の、製品のハザード、そのハザードによってもたらされる危害、及びその結果について判りやすく記載した。

○　ドラム式洗濯乾燥機を製造販売したが、「取扱説明書」には、使用者が適切な意思決定ができるように、必要な情報を分かりやすく記載した。また、万一の製品の誤使用を回避する方法も記載した。

○ 「安全」とは、絶対安全を意味するものではなく、「リスク」（危害の発生確率及びその危害の度合いの組合せ）という数量概念を用いて、許容不可能な「リスク」がないことをもって、「安全」と規定している。この「安全」を達成するために、リスクアセスメント及びリスク低減の反復プロセスが必要である。

○ リスクアセスメントのプロセスでは、製品によって、危害を受けやすい状態にある消費者、その他の者を含め、製品又はシステムにとって被害を受けそうな"使用者"、及び"意図する使用及び合理的予見可能な誤使用"を同定し、さらにハザードを同定する。そのハザードから影響を受ける使用者グループへの「リスク」がどれくらい大きいか見積もり、リスクの評価をする。

○ リスク低減プロセスでは、リスクアセスメントでのリスクが許容可能でない場合、リスク低減策を検討する。そして、再度、リスクを見積もり、リスクの評価を実施し、その「残留リスク」が許容可能なレベルまで反復する。許容可能と評価した最終的な「残留リスク」は妥当性を確認し文書化する。

○ リスク評価の考え方として、「ALARP の原則」がある。ALARP とは、「合理的に実行可能なリスク低減方策を講じてリスクを低減する」という意味であり、リスク軽減を更に行なうことが実際的に不可能な場合、又は費用と比べて改善効果が甚だしく不釣合いな場合だけ、リスクが許容可能となる。

○ 「ISO／IEC ガイド 51（2014 年改訂）」は安全の基本概念を示しており、安全は「許容されないリスクのないこと（受容できないリスクのないこと）」と定義されている。

○ リスクアセスメントは事故の未然防止のための科学的・体系的手法のことである。リスクアセスメントを実施することによってリスクは軽減されるが、すべてのリスクが解消できるわけではない。この残っているリスクを「残留リスク」といい、残留リスクは妥当性を確認し文書化する。

○ リスク低減対策は、設計段階で可能な限り対策を講じ、人間の注意の前に機械設備側の安全化を優先する。リスク低減方策の実施は、本質安全設計、安全防護策及び付加防護方策、使用上の情報の順に優先順位がつけられている。

○　人は間違えるものであり、人が間違っても安全であるように対策を施すことが求められ、どうしてもハード対策ができない場合に作業者の訓練などの人による対策を考える。

(b)　不適切な記述例

●　ある商業ビルのメインエントランスに設置する回転ドアを設計する際に、施工主の要求仕様である「重厚感のある意匠」を優先して、リスク低減に有効な「軽量設計」は採用せずに、インターロックによる制御安全機能、及び警告表示でリスク軽減を達成させた。

●　建設作業用重機の本質的安全設計案が、リスクアセスメントの検討結果、リスク低減策として的確と評価された。しかし、僅かに計画予算を超えたことから、ALARPの考え方を導入し、その設計案の一部を採用しないで、代わりに保護装置の追加、及び警告表示と取扱説明書を充実させた。

●　エレベータを製造販売したが「取扱説明書」に推奨されるメンテナンス方法について記載した。ここで、メンテナンスの実施は納入先の顧客（使用者）が主体で行う場合もあるため、その作業者の訓練又は個人用保護具の必要性についても記載した。

●　リスク低減方策には、設計段階における方策と使用段階における方策がある。設計段階では、本質安全設計、ガード及び保護装置、最終使用者のための使用上の情報の３方策がある。この方策には優先順位付けはなく、本質的安全設計方策の検討を省略して、安全防護策や使用上の情報を方策として検討し採用することができる。

●　どこまでのリスクを許容するかは、時代や社会情勢によって変わるものではない。

5. 社会安全

社会の安全を確保するためには、企業だけではなく、個人もさまざまな点で積極的に関与していく必要があります。

（1） 製品の安全

多くの人に広く使われる製品は、社会生活に大きな影響を与えるため、Q（品質）、C（コスト）、D（納期）、S（安全）の点で優先順位を考慮する必要があります。これらは、多くの場合トレードオフの関係にあるため、優先順位の付け方によっては、倫理的な問題を発生させる危険性があります。その中で、「S（安全）」が第一に優先されるべきであるのはいうまでもありません。残ったQCDにおいては、Q（品質）が優先されるべきです。残りのコストと納期については、状況によって優先順位が変わってきます。コロナでマスクの売り切れが問題になりましたが、そういった場合には納期が優先されることになるでしょうが、特にそういった条件にない場合には、コストが優先される場合もあります。

このような内容を扱った出題例として、次のものがあります。

□ あなたは、会社で材料発注の責任者をしている。作られている製品の売り上げが好調で、あなた自身もうれしく思っていた。しかしながら、予想を上回る売れ行きの結果、材料の納入が追いつかず、納期に遅れが出てしまう状況が発生した。こうした状況の中、納入業者の一人が、「一部の工程を変えることを許可してもらえるなら、材料をより早くかつ安く納入することができる」との提案をしてきた。この問題を考える上で重要な事項4つをどのような優先順位で考えるべきか。次の優先順位の組合せの中で最も適切なものはどれか。(平成29年度Ⅱ—3)

	優先順位			
	1番	2番	3番	4番
①	納期	原価	品質	安全
②	安全	原価	品質	納期
③	安全	品質	納期	原価
④	品質	納期	安全	原価

⑤　品質　　安全　　原価　　納期

なお、この問題の正答は③になります。

(2)　自然災害に対する安全

最近では、自然災害の激甚化および頻発化が顕著になってきています。そのため、自然災害に対する警戒が広く国民に求められており、令和3年5月に「避難情報に関するガイドライン」が公表されました。平成30年7月豪雨による水害・土砂災害からの避難に関するワーキンググループでは、目指す社会として、「住民が『自らの命は自らが守る』意識を持って自らの判断で避難行動をとり、行政はそれを全力で支援するという住民主体の取組強化による防災意

図表6.5　5段階の警戒レベル

警戒レベル	居住民がとるべき行動等	避難情報／市町村等の対応
5	指定緊急避難場所等への立退き避難することがかえって危険である場合、緊急安全確保する。	緊急安全確保（市町村長が発令）
4	危険な場所から全員避難（立退き避難又は屋内安全確保）する。	避難指示（市町村長が発令）
3	高齢者等は危険な場所から避難（立退き避難又は屋内安全確保）する。 高齢者等以外の人も必要に応じ、出勤等の外出を控えるなど普段の行動を見合わせ始めたり、避難の準備をしたり、自主的に非難するタイミングである。	高齢者避難（市町村長が発令）
2	ハザードマップ等により自宅・施設等の災害リスク、指定緊急避難場所や避難経路、避難のタイミング等を再確認するとともに、避難情報の把握手段を再確認・注意するなど、避難に備え自らの避難行動を確認。	大雨・洪水・高潮注意報（気象庁が発表）
1	防災気象情報等の最新情報に注意する等、災害への心構えを高める。	早期注意情報（気象庁が発表）

〔出典：避難情報に関するガイドライン（内閣府）〕

識の高い社会を構築する」を示しています。こういった方針やその後の災害によって非難が遅れた事実を踏まえて、警戒レベルが**図表 6.5** のように改訂されました。

なお、「ハザードマップ」とは、自然災害による被害の軽減や防災対策に使用する目的で、被災想定区域や避難場所、避難経路などの防災関係施設の位置などを表示した地図です。自然災害の種類によって、洪水ハザードマップ、津波ハザードマップ、土砂災害ハザードマップ、火山ハザードマップなどがあります。

自然災害に関する出題例として、次のものがあります。

□ 現在、地球規模で地球温暖化が進んでいる。気候変動に関する政府間パネル（IPCC）第5次評価報告書（AR5）によれば、将来、温室効果ガスの排出量がどのようなシナリオにおいても、21 世紀末に向けて、世界の平均気温は上昇し、気候変動の影響のリスクが高くなると予測されている。国内においては、日降水量 100 mm 以上及び 200 mm 以上の日数は 1901～2017 年において増加している一方で、日降水量 1.0 mm 以上の日数は減少している。今後も比較的高水準の温室効果ガスの排出が続いた場合、短時間強雨の頻度がすべての地域で増加すると予測されている。また、経済成長に伴う人口・建物の密集、都市部への諸機能の集積や地下空間の大規模・複雑な利用等により、水害や土砂災害による人的・物的被害は大きなものとなるおそれがあり、復旧・復興に多大な費用と時間を要することとなる。水害・土砂災害から身を守るための以下（ア）～（オ）の記述で不適切と判断されるものの数はどれか。（令和元年度再試験Ⅱ―13）

（ア）水害・土砂災害から身を守るには、まず地域の災害リスクを知ることが大事である。ハザードマップは、水害・土砂災害等の自然災害による被害を予測し、その被害範囲を地図として表したもので、災害の発生が予測される範囲や被害程度、さらには避難経路、避難場所などの情報が地図上に図示されている。

（イ）気象庁は、大雨や暴風などによって発生する災害の防止・軽減のため、気象警報・注意報や気象情報などの防災気象情報を発表している。これらの情報は、防災関係機関の活動や住民の安全確保行動の判断を支援するため、災害に結びつくような激しい現象が予想される数日前から「気象情報」を発表し、その後の危険度の高まりに応じて注意報、警報、特別警報を段階的に発表している。

（ウ）危険が迫っていることを知ったら、適切な避難行動を取る必要がある。災害が発生し、又は発生するおそれがある場合、災害対策基本法に基づき市町村長から避難準備・高齢者等避難開始、避難勧告、避難指示（緊急）が出される。避難勧告等が発令されたら速やかに避難行動をとる必要がある。

（エ）災害が起きてから後悔しないよう、非常用の備蓄や持ち出し品の準備、家族・親族間で災害時の安否確認方法や集合場所等の確認、保険などによる被害への備えをしっかりとしておく。

（オ）突発的な災害では、避難勧告等の発令が間に合わないこともあり、避難勧告等が発令されなくても、危険を感じたら自分で判断して避難行動をとることが大切なことである。

①　0　　②　1　　③　2　　④　3　　⑤　4

令和３年に避難情報の名称が変わりましたが、出題時点では、この問題の正答は①になります。

（3）　安全用語

安全に関する用語の定義については、これまでに説明をしてきていますが、安全に関する用語の出題例として、次のものがあります。しかし、この問題は用語の定義についての問題というのではなく、不適切な説明を見つける問題と考えるべきでしょう。

□ 次の（ア）～（オ）の語句の説明について、最も適切な組合せはどれか。（令和元年度Ⅱ—6）

（ア）システム安全

A）システム安全は、システムにおけるハードウェアのみに関する問題である。

B）システム安全は、環境要因、物的要因及び人的要因の総合的対策によって達成される。

（イ）機能安全

A）機能安全とは、安全のために、主として付加的に導入された電子機器を含んだ装置が、正しく働くことによって実現される安全である。

B）機能安全とは、機械の目的のための制御システムの部分で実現する安全機能である。

（ウ）機械の安全確保

A）機械の安全確保は、機械の製造等を行う者によって十分に行われることが原則である。

B）機械の製造等を行う者による保護方策で除去又は低減できなかった残留リスクへの対応は、全て使用者に委ねられている。

（エ）安全工学

A）安全工学とは、製品が使用者に対する危害と、生産において作業者が受ける危害の両方に対して、人間の安全を確保したり、評価する技術である。

B）安全工学とは、原子力や航空分野に代表される大規模な事故や災害を問題視し、ヒューマンエラーを主とした分野である。

（オ）レジリエンス工学

A）レジリエンス工学は、事故の未然防止・再発防止のみに着目している。

B）レジリエンス工学は、事故の未然防止・再発防止だけでなく、回復力を高めること等にも着目している。

	ア	イ	ウ	エ	オ
①	B	A	A	A	B
②	B	B	B	B	A
③	A	A	A	B	A
④	A	B	A	A	B
⑤	B	A	A	B	A

【解説】

（ア）システムとは、一般的に、「所定の任務を達成するために、選定され、配列され、互いに連係して動作する一連のアイテム（ハードウェア、ソフトウェア、人間要素）の組合わせ」を指しますので、「ハードウェアのみ」としているA）は不適切です。よって、B）が適切となります。

（イ）機能安全とは、「機械の目的のための制御システムの部分」に限ったものではありませんので、B）は不適切です。よって、A）が適切となります。

（ウ）JIS Z8051の項目で示したとおり、残留リスクは使用段階においても、製造業者にも責任がありますので、B）の「全て使用者に委ねられている」という記述が不適切です。よって、A）が適切となります。

（エ）安全は、JIS Z8051で「許容不可能なリスクがないこと。」と定義されているとおり、「ヒューマンエラーを主とした分野」に限定されませんので、B）は不適切です。よって、A）が適切です。

（オ）レジリエンスとは、「弾力、回復力」という意味であり、回復力を高めること等にも着目していますので、B）が適切です。

したがって、のB—A—A—A—Bの組合せとなるので、①が最も適切となります。

（4） ユニバーサルデザイン

誰でもが安全で快適に過ごせる社会が求められてきています。かつては「バリアフリー」という言葉が広く使われ、身体に障がいがある人たちのバリアを解消するための設計や計画が積極的に実施されてきました。しかし、超高齢社会の到来で、これまでよりも広い意味で障がいを捉える必要が生じてきており、一部の機能が低下している高齢者なども多くなってきています。このような社会背景のもとで、何らかの問題を抱えている人たちでも、健常者と同じように利用できるデザインにしていくという考えが生まれました。これが「ユニバーサルデザイン」です。この対象には、成人の能力に達しない子供たちも含まれています。そういった人たち誰もが、直感的に使い方を理解し、間違えて危険な事態を発生させることがないようにする設計が求められています。また、誰でもが無理な姿勢をしないでも操作できるような設計の考え方も必要となります。

ユニバーサルデザインの概念は、米国ノースカロライナ州立大学のロナルド・メイズ氏が1990年に提唱したもので、下記の7つの原則があります。この原則に関する問題が、令和2年度試験において出題されています。

① 誰でも公平に使用できる。
② 使う上で柔軟性が高い。
③ 簡単で直感的に使用方法がわかる。
④ 必要な情報がすぐに理解できる。
⑤ うっかりが失敗や危険につながらない。
⑥ 無理な姿勢をしたり強い力を必要としないで使用できる。
⑦ 接近して使えるような寸法や空間にする。

なお、最近ではユニバーサルデザインの一種として、機能的に何らかの制限がある人に焦点を合わせて、これまでの設計をそれらの人々のニーズに合わせて拡張することによって、製品や建物、サービスをそのまま利用できる潜在顧客数を最大限に増やそうという考え方もあります。この設計を、アクセシブルデザインと呼ぶようになっています。

従来のバリアフリーについては、対象障がいがある程度絞り込めましたが、ユニバーサルデザインになると、対象障がいや障がいの程度も多彩になりますので、技術者にとって設計がさらに難しくなるのは間違いありません。しかし、理想形が一朝一夕にできるものではありませんし、一企業や一個人だけで実現できるわけではありません。そういった点で、今後より多くの人が工夫をこらして実用化していき、最終的にデファクト標準的に受け入れられて普及していくものといえるでしょう。少なくとも、ユニバーサルデザインに対しては、積極的な態度で設計者が臨まなければならないという点は理解していなければなりません。

6. 情報セキュリティ

情報セキュリティのリスクは年々高まってきており、それによって企業や組織が受けるダメージも大きくなってきています。JIS Q27000では、「情報セキュリティ」を「情報の機密性、完全性及び可用性を維持すること」と定義していますが、それぞれの言葉の意味を下記に示します。

① 機密性

機密性は、許可された人だけがアクセスでき、許可されない人はアクセスや閲覧ができないようにすることです。

② 完全性

完全性は、保有している情報が正確であり、情報の改ざんなどがなく、完全な状態を保持することです。

③ 可用性

可用性は、許可された人はいつでも情報にアクセスでき、情報を提供するシステムが常に動作していることです。

情報セキュリティを適切に維持できるようにするには、さまざまなリスクに対する情報セキュリティ対策が適切に行われていなければなりません。そのためには、企業や組織におけるセキュリティポリシーが必要となります。セキュリティ対策は、組織全体の問題ですので、特定の部署に限らず、組織全体として取り組む必要があります。そのため、セキュリティポリシーの策定には、組織の長が深く関与する必要があります。情報セキュリティポリシーは、基本方針、対策基準、実施手順の３階層で構成されるのが一般的です。セキュリティポリシーは、情報セキュリティに関する活動を行うための基準となるもので、これに従って具体的な行動基準やマニュアル、ハード対策が検討されます。セキュリティ対策は、企業や組織の特性に合わせて作成される必要がありますので、自ら実現可能なものを作成することが望ましいとされています。ただし、セキュリティポリシーを一度文書化して作成するだけでは効果はあまり期待できませんので、次のような実施サイクルを使って、実態に合っているかを見直し、改善を図ることが必要です。

① **計画（Plan）**

情報資産の洗い出し、リスクや課題の整理、企業や組織に合った情報セキュリティ対策の方針、情報セキュリティポリシーの策定

② **導入・運用（Do）**

メンバー全員への周知、教育、メンバー全員の情報セキュリティポリシーに則った行動、情報セキュリティの維持

③ **点検・評価（Check）**

導入後の状況や問題点の把握、定期的な情報セキュリティポリシーの評価、遵守状況の監査

④ **見直し・改善（Act）**

情報セキュリティポリシーの見直し、改善

なお、情報セキュリティに関わる事故が発生した場合には、迅速な対応が求められます。その場合の手順は次のとおりです。

①　事故の検知

②　事故の初動処理

③　事故の分析

④　復旧作業

⑤　再発防止策の実施

情報セキュリティに関する出題例として、次のものがあります。

□　情報通信技術が発達した社会においては、企業や組織が適切な情報セキュリティ対策をとることは当然の責務である。情報セキュリティマネジメントとは、組織が情報を適切に管理し、機密を守るための包括的枠組みを示すもので、情報資産を扱う際の基本方針やそれに基づいた具体的な計画などトータルなリスクマネジメント体系を示すものである。情報セキュリティに関する次の（ア）～（オ）の記述について、正しいものは○、誤っているものは×として、最も適切な組合せはどれか。(平成28年度Ⅱ―13)

（ア）情報セキュリティマネジメントでは、組織が保護すべき情報資産について、情報の機密性、完全性、可用性を維持することが求められている。

（イ）情報の可用性とは、保有する情報が正確であり、情報が破壊、改ざん又は消去されていない状態を確保することである。

（ウ）情報セキュリティポリシーとは、情報管理に関して組織が規定する組織の方針や行動指針をまとめたものであり、PDCA（計画、実施、評価、見直し）のサイクルを止めることなく実施し、ネットワーク等の情報セキュリティ監査や日常のモニタリング等で有効性を確認することが必要である。

(エ) 情報セキュリティは人の問題でもあり、組織幹部を含めた全員にセキュリティ教育を実施して遵守を徹底させることが重要であり、浸透具合をチェックすることも必要である。

(オ) 情報セキュリティに関わる事故やトラブルが発生した場合には、あらかじめ記載されている対応方法に則して、適切かつ迅速な初動処理を行い、事故の分析、復旧作業、再発防止策を実施する。必要な項目があれば、セキュリティポリシーの改訂や見直しを行う。

	ア	イ	ウ	エ	オ
①	×	○	○	×	○
②	×	×	○	○	×
③	○	○	×	○	×
④	○	×	○	○	○
⑤	○	○	×	○	○

なお、この問題の正答は④になります。

7. 事業継続計画（BCP）

令和3年4月に内閣府が公表した『事業継続ガイドライン』によると、「大地震等の自然災害、感染症のまん延、テロ等の事件、大事故、サプライチェーン（供給網）の途絶、突発的な経営環境の変化など不測の事態が発生しても、重要な事業を中断させない、または中断しても可能な限り短い期間で復旧させるための方針、体制、手順等を示した計画のことを事業継続計画（BCP：Business Continuity Plan）と呼ぶ。」と示しています。また、同ガイドラインでは、「BCP策定や維持・更新、事業継続を実現するための予算・資源の確保、事前対策の実施、取組を浸透させるための教育・訓練の実施、点検、継続的な改善などを行う平常時からのマネジメント活動は、事業継続マネジメント（BCM：Business Continuity Management）と呼ばれ、経営レベルの戦略的活動として位置付けられるものである。」としています。このように、事業継続マネジメントは、取引先や投資家からの信頼を勝ち取るためや、企業の競争力を強化するためにも欠かせない活動といえます。

事業継続計画ガイドライン等は、各省庁や団体などから出されていますが、内閣府は、これらのガイドラインを次の項目にわけて紹介しています。

① リスクを限定しない、事業継続全般に関するガイドライン等

② 個別リスクに関するガイドライン等

ⓐ 突発的に被害が発生するリスク（地震、水害、テロなど）に関するガイドライン

ⓑ 段階的かつ長期間に渡り被害が継続するリスク（新型インフルエンザを含む感染症、水不足、電力不足など）に関するガイドライン

「防災計画」では、「災害の大きさ」によって優先順位をつけますが、「事業継続計画」では、「復旧すべき業務」によって優先順位をつけるという特徴を持っています。

内閣府が行った、「令和元年度　企業の事業継続及び防災の取組に関する実態調査」では、事業継続計画の策定状況は次のようになっています。

① 大企業では68.4％が策定済み、これに策定中を加えると83.4％

② 中堅企業では34.4％が策定済み、これに策定中を加えると52.9％

これまでに出題された事業継続計画に関する問題の選択肢文を適切な記述例と不適切な記述例にわけて整理すると、次のようになります。なお、適切なものと不適切なものを読み間違えないために、選択肢文の最初に、適切なものには○を、不適切なものには●を付けてあります。

(a) 適切な記述例

○ 事業継続の取組みが必要なビジネスリスクには、大きく分けて、突発的に

被害が発生するもの（地震、水害、テロなど）と段階的かつ長期間に渡り被害が継続するもの（感染症、水不足、電力不足など）があり、事業継続の対策は、この双方のリスクによって違ってくる。

○ 情報システムは事業を支える重要なインフラとなっている。必要な情報のバックアップを取得し、同じ災害で同時に被災しない場所に保存する。特に重要な業務を支える情報システムについては、バックアップシステムの整備が必要となる。

○ BCPとは、企業が緊急事態に遭遇した場合において、事業資産の損害を最小限にとどめつつ、中核となる事業の継続あるいは早期復旧を可能とするために、平常時に行うべき活動や緊急時における事業継続のための方法、手段などを取り決めておく計画である。

(b) 不適切な記述例

● 我が国の企業は、地震等の自然災害の経験を踏まえ、事業所の耐震化、予想被害からの復旧計画策定などの対策を進めてきており、BCPについても、中小企業を含めてほぼ全ての企業が策定している。

● 災害により何らかの被害が発生したときは、災害前の様に業務を行うことは困難となるため、すぐに着手できる業務から優先順位をつけて継続するよう検討する。

● BCPの対象は、自然災害のみである。

● わが国では、東日本大震災や相次ぐ自然災害を受け、現在では、大企業、中堅企業ともに、そのほぼ100％がBCPを策定している。

● BCPの策定・運用により、緊急時の対応力は鍛えられるが、平常時にはメリットがない。

第7章

社会的責任とビジネス倫理

最近では、社会が企業や組織に求める要求が変化してきており、社会的責任の重視や働き方改革が話題になってきています。また、企業や組織内部においても、メンバーの多様性やメンバー間のハラスメントも問題視されるようになってきています。一方、ビジネス環境の面では、公平な競争を実現するために、不当景品類及び不当表示防止法（景品表示法）などの法律も制定されています。

1. 社会的責任の重視

現代社会は、企業やプロフェッショナルなどの社会的責任を大きく取り上げる傾向が強まってきています。それは一企業や個人が社会に及ぼす影響が大きくなってきたからだと考えます。そのため、最近では、環境や安全に大きな影響を及ぼすと考えられる技術に関わる人や組織に対して、社会的責任を問う傾向が強まっています。社会的責任に関しては、「社会的責任に関する手引」（ISO26000）があります。この手引の2.18項では、「社会的責任」を次のように定義しています。

組織の決定及び活動が社会及び環境に及ぼす影響に対して、次のような透明かつ倫理的な行動を通じて組織が担う責任

① 健康及び社会の繁栄を含む持続可能な発展に貢献する。

② ステークホルダーの期待に配慮する。

③　関連法令を順守し、国際行動規範と整合している。
④　その組織全体に統合され、その組織の関係の中で実践される。

本手引では、社会的責任に取り組むことによる最も重要な目標が、持続可能な発展への貢献を最大化することとしています。また、法令の遵守は組織の社会的責任の基礎であるという点を認識した上で、組織が法令遵守を超えた活動に着手することを意図しています。さらに、社会的責任の要素は絶え間なく変化するため、組織に対する社会の期待も変化するものである点を指摘しています。

さらに、社会的責任に関して次に示す７つの原則を示しています。

①　説明責任
組織は、自らが社会、経済及び環境に与える影響に説明責任を負うべきである。
②　透明性
組織は、社会及び環境に影響を与える自らの決定及び活動に関して、透明であるべきである。
③　倫理的な行動
組織は、倫理的に行動すべきである。
④　ステークホルダーの利害の尊重
組織は、自らのステークホルダーの利害を尊重し、よく考慮し、対応すべきである。
⑤　法の支配の尊重
組織は、法の支配を尊重することが義務であると認めるべきである。
⑥　国際行動規範の尊重
組織は、法の支配の尊重という原則に従うと同時に、国際行動規範も尊重すべきである。

⑦　人権の尊重

組織は、人権を尊重し、その重要性及び普遍性の両方を認識すべきである。

要するに、７つの原則の積み上げによって、社会的な責任が実現できると考える必要があります。これらの内容は、組織に限らず、プロフェッショナルである技術者にもそのまま当てはまる原則と考えられます。

なお、社会的責任の中核主題は次の７つとしており、それぞれ課題を示しています。

（1）　組織統治

組織統治は、組織内における意思決定の枠組みであるため、組織の中核的な機能と位置づけています。

（2）　人権

人権は、すべての人に与えられた基本的権利で、市民的・政治的な権利と経済的・社会的・文化的な権利があるとしています。また、人権には、次の５つの原則があります。

①　すべての人に属する固有な権利である

②　人々から剥奪することができない絶対的な権利である

③　すべての人に適用される普遍的な権利である

④　選択的に無視することができない不可分な権利である

⑤　１つの人権を実現することが他の人の人権の実現に貢献する点で相互依存的な権利である

（3）　労働慣行

労働慣行には、労働者の採用と昇格、懲戒と苦情対応制度、労働者の異動と配置転換、雇用の終了、訓練と技能開発、健康、安全と産業衛生、労働条件などが含まれるとしており、次の２つの原則を示しています。

① 労働者を生産の要素としたり、商品と同じ市場原理を適用したりしない

② 労働者の脆弱性や労働者の基本的権利を保護する

(4) 環境

組織が行う決定や活動は、常に環境に影響を与えます。そのため、次の環境原則を尊重して行動する必要があるとしています。

① 環境責任

② 予防的アプローチ

③ 環境リスクマネジメント

④ 汚染者負担

(5) 公正な事業慣行

公正な事業慣行とは、組織が他の組織と取引を行う場合の倫理的な行動に関する事項で、下記のような課題があるとしています。

① 汚職防止

② 公的領域への責任ある関与

③ 公正な競争

④ 社会的に責任ある行動

⑤ 他の組織との関係

⑥ 財産権の尊重

(6) 消費者課題

製品やサービスを提供する組織は、消費者や顧客に対して責任を負わなければなりません。組織の責任としては、教育および正確な情報の提供、公正・透明・有用なマーケティング情報や契約プロセスの使用、持続可能な消費の促進、社会的弱者等に配慮した製品やサービスの設計などを挙げています。また、次に示す消費者の７つの権利を示しています。

① 安全の権利
② 知らされる権利
③ 選択する権利
④ 意見が聞き入れられる権利
⑤ 救済される権利
⑥ 教育を受ける権利
⑦ 健全な生活環境の権利

それに加えて、４つの追加原則を示しています。
ⓐ プライバシーの尊重
ⓑ 予防的アプローチ
ⓒ 男女の平等及び女性の社会的地位の向上
ⓓ ユニバーサルデザインの推進

（7） コミュニティへの参画及びコミュニティの発展

組織が、自ら活動する場所のコミュニティと関係を持つことは認められていますが、コミュニティへの参画においては、次の４つの原則が挙げられています。

Ⓐ 自らがそのコミュニティの一員であり、コミュニティと切り離された存在ではない
Ⓑ コミュニティの構成員自らが選択した方法で自らの資源や機会を最大化する権利を認め、尊重する
Ⓒ コミュニティの特性を認め、これを尊重する
Ⓓ 連携して活動することの大切さを認識する

また、コミュニティとのかかわりにおいては、７つの課題を示しています。
① コミュニティへの参画
② 教育及び文化

③　雇用創出及び技能開発

④　技術の開発及び技術へのアクセス

⑤　富及び所得の創出

⑥　健康

⑦　社会的投資

(8)　社会的責任に関する出題例

これまでに出題された社会的責任に関する問題の選択肢文を適切な記述例と不適切な記述例にわけて整理すると、次のようになります。なお、適切なものと不適切なものを読み間違えないために、選択肢文の最初に、適切なものには○を、不適切なものには●を付けてあります。

(a)　適切な記述例

○　法令等を遵守した上でさらにリスクの低減を図ること

○　消費者の期待を踏まえて製品安全基準を設定すること

○　製造物責任を負わないことに終始するのみならず製品事故の防止に努めること

○　消費者を含むステークホルダー（利害関係者）とのコミュニケーションを強化して信頼関係を構築すること

○　将来的な社会の安全性や社会的弱者にも配慮すること

○　有事の際に迅速かつ適切に行動することにより被害拡大防止を図ること

○　消費者の苦情や紛争解決のために、適切かつ容易な手段を提供すること

○　企業の社会的責任として、反社会的勢力（例えば総会屋）への便宜供与の禁止や、金融不祥事の撲滅が長年注目されてきたが、近年それに加えてポジティブな側面、例えば社会や環境に関する問題意識を、その事業活動やステークホルダーとの関係の中に、自主的に組み込んでいくことにより持続的発展を図るといった側面が注目されるようになってきた。

○　大学の自治は尊重されなければならず、その具現化には大学に属する個々の研究者の研究活動の自由を保障しなければならないが、その一方で、研究

不正防止の観点から個々の研究者の研究活動を組織的に管理することを求められるようになっている。

○　グローバルに行動する企業や団体は、世界的に採択・合意された普遍的な価値として国際社会で認められている、人権の保護、不当な労働の排除、環境への対応、そして腐敗の防止に、自発的に取り組むべきとの考え方が一般化しつつある。

○　組織が社会的責任に取り組み、実践するとき、その包括的な目的は持続可能な発展に最大限に貢献することである。

○　社会的存在である企業には社会的責任（CSR：Corporate Social Responsibility）があるとの考え方が一般化しつつあるが、ISO26000は社会的責任を果たすべき組織は企業だけではないとの考えの下に、すべての種類の組織（政府を除く）を対象にして制定された。

○　ISO26000の規格の制定に当たって、日本では、政府、産業界だけでなく、労働者、消費者、NPO（Non Profit Organization；非営利団体）等の数多くの組織、個人が検討に参加した。

○　ISO26000では社会的責任について７つの中核主題を設定している。それらは組織統治、人権、労働慣行、環境、公正な事業慣行、消費者課題、コミュニティへの参画及びコミュニティの発展である。そして社会的責任を果たすための原則として、説明責任、透明性、倫理的な行動、ステークホルダーの利害の尊重、法の支配の尊重、国際行動規範の尊重を挙げている。

(b)　不適切な記述例

●　ISO26000は、組織および公人としての個人が担うべき社会的責任を明示したものであって、プライベートな個人の責任については対象外としている。

●　ISO26000では、組織が株式会社の場合は、ステークホルダーは株主に限定されるので、株主との間に対話の機会を作り出すために試みられる活動が最重要視されることになる。

●　ISO26000は、ISO9001（品質マネジメント）やISO14001（環境マネジメント）同様に、組織がいかに社会的責任を果たしているかを、専門の外部機関が認証するときのためのガイダンスを明示したものである。

● ISO26000は、品質管理に関するISO9000や環境マネジメントに関するISO14000規格と同様に、要求事項を示した認証規格なので、組織体は公的な認証機関の認証を受けることによって、国際的な信用を得ることができる。

2. 働き方改革

働き方改革は、働く人々が、個々の事情に応じて多様で柔軟な働き方を、自分で選択できるようにするための改革です。また、コロナによって、働き方の変化の速度が変わってきています。働き方改革の実施においては、経営トップの強いリーダーシップが求められます。

(1) ワーク・ライフ・バランス

ワーク・ライフ・バランスは日本語では「仕事と生活の調和」と訳され、仕事と生活の調和推進官民トップ会議において平成19年12月に策定された「仕事と生活の調和（ワーク・ライフ・バランス）憲章」では、これが実現した社会の姿を次のように定義しています。

ワーク・ライフ・バランスが実現された社会とは、「国民一人ひとりがやりがいや充実感を感じながら働き、仕事上の責任を果たすとともに、家庭や地域生活などにおいても、子育て期、中高年期といった人生の各段階に応じて多様な生き方が選択・実現できる社会」で、下記の3つが実現できるとしています。

① 就労による経済的自立が可能な社会
② 健康で豊かな生活のための時間が確保できる社会
③ 多様な働き方・生き方が選択できる社会

ワーク・ライフ・バランスに関する出題例として、次のようなものがあります。

□　我が国では人口減少社会の到来や少子化の進展を踏まえ、次世代の労働力を確保するために、仕事と育児・介護の両立や多様な働き方の実現が急務となっている。
この仕事と生活の調和（ワーク・ライフ・バランス）の実現に向けて、職場で実践すべき次の（ア）～（コ）の記述のうち、不適切なものの数はどれか。（平成30年度Ⅱ―12）

（ア）会議の目的やゴールを明確にする。参加メンバーや開催時間を見直す。必ず結論を出す。
（イ）事前に社内資料の作成基準を明確にして、必要以上の資料の作成を抑制する。
（ウ）キャビネットやデスクの整理整頓を行い、書類を探すための時間を削減する。
（エ）「人に仕事がつく」スタイルを改め、業務を可能な限り標準化、マニュアル化する。
（オ）上司は部下の仕事と労働時間を把握し、部下も仕事の進捗報告をしっかり行う。
（カ）業務の流れを分析した上で、業務分担の適正化を図る。
（キ）周りの人が担当している業務を知り、業務負荷が高いときに助け合える環境をつくる。
（ク）時間管理ツールを用いてスケジュールの共有を図り、お互いの業務効率化に協力する。
（ケ）自分の業務や職場内での議論、コミュニケーションに集中できる時間をつくる。
（コ）研修などを開催して、効率的な仕事の進め方を共有する。

①　0　②　1　③　2　④　3　⑤　4

なお、この問題の正答は①になります。

(2) テレワーク

テレワークとは、情報通信機器を利用して会社以外の場所で仕事を行う働き方であり、育児等と仕事の両立や感染症発生時の対策として有効と考えられています。また、ワーク・ライフ・バランスの実現や優秀な人材の確保、生産性の向上などにも効果があるとされています。テレワークの形態としては、在宅勤務、サテライトオフィス勤務、モバイル勤務の３種類があります。テレワークを実現するためには、書類を電子化してネットワークで共有できるようにする必要がありますし、テレビ会議等を利用するなど、仕事のやり方を変革する必要があります。

テレワークを行わせるためには、労働条件を明示する必要がありますので、最初に就業場所を明示する必要があります。また、労働時間の柔軟な取扱いも求められます。始業時刻や終業時刻についても労働者ごとに自由度を認めることも検討すべきです。フレックスタイム制やみなし労働時間制も、一定の条件を満たせば、可能とする必要があります。そういった場合に、労働時間を把握する工夫が必要となります。特に、労働時間を労働者の自己申告で把握する場合には、長時間労働等を防ぐ手法が求められます。テレワークにおいては、途中で業務から外れる中抜け時間が生じることも考えられますので、休憩時間とするか、時間単位での有給休暇とするかなど、あらかじめ就業規則等において定めておくことが必要です。なお、テレワークを行う場合も、テレワーカーが労働者である以上、通常の就業者と同様に労災保険の適用を受けます。

テレワークに関する出題例として、次のものがあります。

□ 労働者が情報通信技術を利用して行うテレワーク（事業場外勤務）は、業務を行う場所に応じて、労働者の自宅で業務を行う在宅勤務、労働者の属するメインのオフィス以外に設けられたオフィスを利用するサテライトオフィス勤務、ノートパソコンや携帯電話等を活用して臨機応変に

選択した場所で業務を行うモバイル勤務に分類がされる。

いずれも、労働者が所属する事業場での勤務に比べて、働く時間や場所を柔軟に活用することが可能であり、通勤時間の短縮及びこれに伴う精神的・身体的負担の軽減等のメリットが有る。使用者にとっても、業務効率化による生産性の向上、育児・介護等を理由とした労働者の離職の防止や、遠隔地の優秀な人材の確保、オフィスコストの削減等のメリットが有る。

しかし、労働者にとっては、「仕事と仕事以外の切り分けが難しい」や「長時間労働になり易い」などが言われている。使用者にとっては、「情報セキュリティの確保」や「労務管理の方法」など、検討すべき問題・課題も多い。

テレワークを行う場合、労働基準法の適用に関する留意点について（ア）～（エ）の記述のうち、正しいものは○、誤っているものは×として、最も適切な組合せはどれか。（令和２年度Ⅱ―13）

（ア）労働者がテレワークを行うことを予定している場合、使用者は、テレワークを行うことが可能な勤務場所を明示することが望ましい。

（イ）労働時間は自己管理となるため、使用者は、テレワークを行う労働者の労働時間について、把握する責務はない。

（ウ）テレワーク中、労働者が労働から離れるいわゆる中抜け時間については、自由利用が保証されている場合、休憩時間や時間単位の有給休暇として扱うことが可能である。

（エ）通勤や出張時の移動時間中のテレワークでは、使用者の明示又は黙示の指揮命令下で行われるものは労働時間に該当する。

	ア	イ	ウ	エ
①	○	○	○	○
②	○	○	○	×

③	○	○	×	○
④	○	×	○	○
⑤	×	○	○	○

なお、この問題の正答は④になります。

(3) ダイバーシティ経営

経済産業省では、ダイバーシティ経営を、「多様な人材を活かし、その能力が最大限発揮できる機会を提供することで、イノベーションを生み出し、価値創造につなげている経営」と定義しています。また、「多様な人材」とは、性別、年齢、人種や国籍、障がいの有無、性的指向、宗教・信条、価値観などの多様性だけではなく、キャリアや経験、働き方などの多様性を含んでいると説明しています。さらに、「イノベーションを生み出し、価値創造につなげている経営」については、組織内の個々の人材がその特性を活かし、生き生きと働くことのできる環境を整えることによって、自由な発想が生まれ、生産性を向上し、自社の競争力強化につながる、といった一連の流れを生み出しうる経営と説明しています。

なお、ダイバーシティに関する問題が令和３年度試験に出題されています。

3. ハラスメント

最近、社会的に話題となっているハラスメント問題のなかに、パワーハラスメントとセクシュアルハラスメントなどがありますが、適性科目では、早い時期からこれらの内容に関する問題が出題されていました。

(1) パワーハラスメント

厚生労働省では、パワーハラスメント（以下、パワハラ）を次のように定義しています。

同じ職場で働く者に対して、職務上の地位や人間関係などの職場内の優位性を背景に、業務の適正な範囲を超えて、精神的・身体的苦痛を与える又は職場環境を悪化させる行為

また、行為の類型として以下の例を挙げています。

①　暴行・傷害（身体的な攻撃）

②　脅迫・名誉毀損・侮辱・ひどい暴言（精神的な攻撃）

③　隔離・仲間外し・無視（人間関係からの切り離し）

④　業務上明らかに不要なことや遂行不可能なことの強制、仕事の妨害（過大な要求）

⑤　業務上の合理性なく、能力や経験とかけ離れた程度の低い仕事を命じることや仕事を与えないこと（過小な要求）

⑥　私的なことに過度に立ち入ること（個の侵害）

①の身体的な攻撃は論外ですが、②の侮辱や暴言的な発言は、冗談の場合を含めるとしてしまう可能性がないとはいえません。たとえ、発言した人は冗談のつもりでいても、受け取る側が侮辱と感じる場合は多くあります。その際に、職場内で優位性のある立場の人であれば、パワハラと受け取られる可能性がある点は認識しなければなりません。また、⑥の私的なことに立ち入るというのも、過去の職場では当たり前のように行われていたところもありましたので、そういった職場では、一層気を使っていく必要があります。企業においては、若い社員が人事部やホットラインにパワハラの苦情を訴える例が増えていますが、その場合に、発言者と受け取る側に認識のギャップがある場合もあります。期待している若手に、少し難しい仕事をまかせてみたところ、パワハラだという苦情が人事部にあったという事例もあります。そういった際の判断に関する問題がこれまでに出題されています。

(2) セクシュアルハラスメント

厚生労働省では、セクシュアルハラスメント（以下、セクハラ）を次のように定義しています。

Ⓐ 職場において、労働者の意に反する性的な言動が行われ、それを拒否するなどの対応により解雇、降格、減給などの不利益を受けること

Ⓑ 性的な言動が行われることで職場の環境が不快なものとなったため、労働者の能力の発揮に悪影響が生じること

セクハラに関しては、「雇用の分野における男女の均等な機会及び待遇の確保等に関する法律」（雇用均等法）が適用されます。雇用均等法の目的は、第1条に「法の下の平等を保障する日本国憲法の理念にのっとり雇用の分野における男女の均等な機会及び待遇の確保を図るとともに、女性労働者の就業に関して妊娠中及び出産後の健康の確保を図る等の措置を推進することを目的とする。」と示されています。また基本理念として、第2条で「この法律においては、労働者が性別により差別されることなく、また、女性労働者にあっては母性を尊重されつつ、充実した職業生活を営むことができるようにすることをその基本的理念とする。」とされています。雇用均等法の第11条では、セクハラ防止のために、事業主に義務付けを行っています。

（職場における性的な言動に起因する問題に関する雇用管理上の措置）

第11条　事業主は、職場において行われる性的な言動に対するその雇用する労働者の対応により当該労働者がその労働条件につき不利益を受け、又は当該性的な言動により当該労働者の就業環境が害されることのないよう、当該労働者からの相談に応じ、適切に対応するために必要な体制の整備その他の雇用管理上必要な措置を講じなければならない。

また、厚生労働省は、条文の中で使われている用語について、次のような解説を行っています。

① 職場

事業主が雇用する労働者が業務を遂行する場所で、通常就業している場所以外でも、労働者が業務を遂行する場所をいいます。具体的には、取引先の事務所や打ち合わせなどで訪れた飲食店などを含みます。また、勤務時間以外の宴会であっても、参加が強制的な場合には、職務の延長と考えられ、職場に当たります。

② 労働者

正規労働者だけではなく、非正規労働者を含んで、事業主が雇用するすべての労働者をいいます。派遣社員の場合には、派遣先の事業者は雇用する労働者と同様の措置を派遣社員にも講じなければなりません。

③ 性的な言動

性的な言動の例として、次の例が示されています。

・性的な事実関係を尋ねる
・性的な内容の情報（噂）を意図的に流布する
・性的な冗談やからかい
・食事やデートへの執拗な誘い
・個人的な性的体験談を話す
・性的な関係を強要する
・必要なく身体へ接触する
・わいせつ図画を配布・掲示する
・強制わいせつ行為などを行う

(3) パワハラとセクハラに関する出題例

パワハラとセクハラに関連して出題された問題の選択肢を、適切な記述例と不適切な記述例にわけて整理すると、次のようになります。なお、適切なものと不適切なものを読み間違えないために、選択肢文の最初に、適切なものには○を、不適切なものには●を付けてあります。

(a)　適切な記述例

○　職場におけるセクシュアルハラスメントは、異性に対するものだけではなく、同性に対するものも該当する。

○　職場の同僚の前で、上司が部下の失敗に対し、「ばか」、「のろま」などの言葉を用いて大声で叱責する行為は、本人はもとより職場全体のハラスメントとなり得る。

○　職場で、受け止め方によっては不満を感じたりする指示や注意・指導があったとしても、これらが業務の適正な範囲で行われている場合には、ハラスメントには当たらない。

○　ハラスメントの行為者となり得るのは、事業主、上司、同僚に限らず、取引先、顧客、患者及び教育機関における教員・学生等である。

○　上司が、長時間労働をしている妊婦に対して、「妊婦には長時間労働は負担が大きいだろうから、業務分担の見直しを行い、あなたの業務量を減らそうと思うがどうか」と相談する行為はハラスメントには該当しない。

○　部下の性的指向（人の恋愛・性愛がいずれの性別を対象にするかをいう）又は性自認（性別に関する自己意識）を話題に挙げて上司が指導する行為は、ハラスメントになり得る。

○　職場内の優位性としては、上司から部下に対しての行為だけでなく、先輩・後輩間や同僚間、さらには部下から上司に対して行われるなどの様々な職務上の地位や人間関係の優位性が含まれ、これを背景としてハラスメントが行われる。

○　身体的な攻撃、精神的な攻撃など、暴力を振るったり、相手の人格を否定するようなことを言ったりすることはパワーハラスメントとみなされる。

○　隔離・仲間外し・無視などの人間関係からの切り離しは、原則としてパワーハラスメントとみなされる。

○　業務における過大な要求や過小な要求、あるいは個の侵害（私的なことに過度に立ち入ること）については、パワーハラスメントとみなされることがある。

○　職場のパワーハラスメントは、上司から部下への行為に限ったものではなく、先輩・後輩間や同僚間、さらには部下から上司に対して行われるものもある。同じ職場で働く者同士の関係以外にも、例えば、顧客や取引先から、取引上の力関係などを背景に、従業員の人格・尊厳を侵害する行為がなされる場合がある。

○　職場のパワーハラスメントには、身体的な攻撃、精神的な攻撃、人間関係からの切り離し、過大な要求、過小な要求、個の侵害（私的なことに過度に立ち入ること）などがある。

○　職場において、労働者の意に反する性的な言動が行われ、それを拒否したことで解雇、降格、減給などの不利益を受けること。

○　性的な言動が行われることで職場の環境が不快なものとなったため、労働者の能力の発揮に大きな悪影響が生じること。

○　職員間のセクハラにだけ注意するだけでなく、職務に従事する際に接することとなる職員以外の者との関係にも注意しなければならない。

(b)　不適切な記述例

●　職場のセクシュアルハラスメント対策は、事業主の努力目標である。

●　ハラスメントであるか否かについては、相手から意思表示がある場合に限る。

●　職場のハラスメントにおいて、「職場内の優位性」とは職務上の地位などの「人間関係による優位性」を対象とし、「専門知識による優位性」は含まれない。

●　たとえ「業務の適正な範囲」内の指示や注意・指導であっても、個人が不満に感じた場合にはパワーハラスメントとみなされる。

●　労働者とは、正社員、パートタイム労働者、契約社員など、事業主が雇用するすべての労働者を示し、派遣労働者を除く。

●　セクハラに関する苦情相談は、セクハラによる被害を受けた本人からのものに限る。

●　性に関する言動に対する受け止め方には個人間や男女間で差があり、セクハラに当たるか否かについては、第三者の判断が最優先される。

● 勤務時間外に実施される歓迎会の酒席のような場については、雇用均等法の対象外である。

4. 不当景品類及び不当表示防止法（景品表示法）

景品表示法は、「商品及び役務の取引に関連する不当な景品類及び表示による顧客の誘引を防止するため、一般消費者による自主的かつ合理的な選択を阻害するおそれのある行為の制限及び禁止について定めることにより、一般消費者の利益を保護すること」を目的とする法律です。そのなかで、表示とは「顧客を誘引するための手段として、事業者が自己の供給する商品又は役務の内容又は取引条件その他これらの取引に関する事項について行う広告その他の表示であって、内閣総理大臣が指定するものをいう。」と第2条第4項で定義されています。

(1) 不当な表示の禁止

不当な表示については、景品表示法第5条（不当な表示の禁止）に次のように定められています。

1) 商品や役務の品質、規格その他の内容について、一般消費者に対し、実際のものよりも著しく優良であると示し、または事実に相違してその事業者と同種か類似の商品や役務を供給している他の事業者のものよりも著しく優良であると示す表示

2) 商品または役務の価格その他の取引条件について、実際のものやその事業者と同種か類似の商品や役務を供給している他の事業者のものよりも取引の相手方に著しく有利であると一般消費者に誤認される表示

3) 商品や役務の取引に関する事項について一般消費者に誤認されるおそれがある表示

なお、第7条（措置命令）第1項で、「内閣総理大臣は、第4条の規定による制限若しくは禁止又は第5条の規定に違反する行為があるときは、当該事業者に対し、その行為の差止めもしくはその行為が再び行われることを防止するために必要な事項又はこれらの実施に関連する公示その他必要な事項を命ずることができる。」と規定されています。また、同条第2項で、「内閣総理大臣は、前項の規定による命令に関し、事業者がした表示が第5条第1号に該当するか否かを判断するため必要があると認めるときは、当該表示をした事業者に対し、期間を定めて、当該表示の裏付けとなる合理的な根拠を示す資料の提出を求めることができる。この場合において、当該事業者が当該資料を提出しないときは、同項の規定の適用については、当該表示は同号に該当する表示とみなす。」と規定されています。

（2）　不当景品類及び不当表示防止法に関する出題例

不当景品類及び不当表示防止法に関連して出題された問題の選択肢を、適切な記述例と不適切な記述例にわけて整理すると、次のようになります。なお、適切なものと不適切なものを読み間違えないために、選択肢文の最初に、適切なものには○を、不適切なものには●を付けてあります。

(a)　適切な記述例

○「合理的な根拠」の判断基準の基本的な考え方として、商品・サービスの効果、性能の著しい優良性を示す表示は一般消費者に対して強い訴求力を有し、顧客誘引効果が高いものであることから、そのような表示を行う事業者は当該表示内容を裏付ける合理的な根拠をあらかじめ有しているべきである、としている。この観点から、「提出資料」が当該表示の裏付けとなる合理的な根拠を示すものであると認められるためには、次の2つの要件を満たす必要がある。

（i）　提出資料が客観的に実証された内容のものであること

（ii）　表示された効果、性能と提出資料によって実証された内容が適切に対応していること

○　客観的に実証された内容のものとは、原則として、「試験・調査によって得られた結果」又は「専門家、専門家団体若しくは専門機関の見解又は学術文献」のいずれかに該当するものである。

○　生薬の効果など、試験・調査によっては表示された効果、性能を客観的に実証することは困難であるが、古来から言い伝え等、長期に亘る多数の人々の経験則によって効果、性能の存在が一般的に認められているものがあるが、このような経験則を表示の裏付けとなる根拠として提出する場合においても、専門家等の見解又は学術文献によってその存在が確認されている必要がある。

○　「提出資料」が表示の裏付けとなる合理的な根拠を示すものであると認められるためには、それ自体として客観的に実証された内容のものであることに加え、表示された効果、性能が提出資料によって実証された内容と適切に対応していなければならない。

○　表示とは、顧客を誘引するための手段として、事業者が自己の供給する商品・サービスの品質、規格、その他の内容や価格等の取引条件について消費者に知らせる広告や表示全般を指す。

○　商品・サービスの品質や規格、その他の内容について、合理的な根拠がない効果・効能等を表示し、実際のものよりも著しく優良であると一般消費者に誤認される表示は、優良誤認を招く不当表示とみなされる。

○　実際ではそうでもないのに、商品・サービスが競争業者のものよりも著しく優良であると一般消費者に誤認される表示は、不当表示とみなされる。例えば、店頭のテレビに付された表示に「他社よりも解像度が3倍で画質が優れている」と表示していたが、実際には根拠がなかった場合には不当表示に当たる。

○　事業者自らが行う試験・調査によって得られた結果を、商品・サービスの効果、性能に関する表示の裏付けとなる根拠として提出する場合には、その試験・調査の方法が、表示された商品・サービスの効果、性能に関連する学術界若しくは産業界において一般的に認められた方法又は関連分野の専門家多数が認める方法である必要がある。

(b)　不適切な記述例

● 当該商品・サービス又は表示された効果、性能に関連する分野を専門として実務、研究、調査等を行う「専門家、専門家団体又は専門機関（以下、「専門家等」という。）による見解又は学術文献」を表示の裏付けとなる根拠として提出する場合、

（ア）その見解又は学術文献は、次のいずれかであれば客観的に実証されたものと認められる。

（ｉ）　専門家等が、専門的知見に基づいて当該商品・サービスの表示された効果、性能について客観的に評価した見解又は学術文献であって、当該専門分野において一般的に認められているもの

（ⅱ）　専門家等が、当該商品・サービスとは関わりなく、表示された効果、性能について客観的に評価した見解又は学術文献であって、当該専門分野において一般的に認められているもの

（イ）特定の専門家等による特異な見解である場合、又は画期的な効果、性能等、新しい分野であって専門家等が存在しない場合等、当該商品・サービス又は表示された効果、性能に関連する専門分野において一般的には認められていない場合には、その専門家等の見解又は学術文献は客観的に実証されたものと認められる。したがって、この場合に事業者は、試験・調査によって表示された効果、性能を客観的に実証する必要はない。

● 消費者庁は、優良誤認表示に当たるかどうかを判断する材料として、表示の裏付けとなる合理的な根拠を示す資料の提出を事業者に求めることができる。ただし、当該資料の提出要請に応えるか否かは、事業者の判断に委ねられている。

第 8 章

環境倫理

環境を脅かす行為は、公衆や地球環境に大きな影響を及ぼすため、現代社会では関心が強い事項といえます。また、それらの要因に技術者が関わる可能性が高いために、技術者倫理とは関係が深い事項といえます。また、国際的には持続可能な開発目標（SDGs）が注目されており、環境に関連する用語の知識も求められるようになってきています。地球温暖化対策に関しては、二酸化炭素の排出量を削減するために、エネルギーの脱炭素化が求められていますし、資源の循環を可能にする循環型社会の構築が求められています。そういった事項に対する対応が技術者に求められていると考えなければなりません。

1. 持続可能な開発目標（SDGs）

持続可能な開発目標（SDGs）は、2001年に策定されたミレニアム開発目標（MDGs）の後継として、2015年9月に国連サミットで採択された「持続可能な開発のための2030アジェンダ」に記載された2016年から2030年までの国際目標で、**図表8.1**に示す17の目標が示されています。なお、これら17の目標の

図表8.1　SDGsの17の目標

1．貧困、2. 飢餓、3. 保健、4. 教育、5. ジェンダー、6. 水・衛生 7．エネルギー、8. 経済成長と雇用、9. インフラ、産業化、イノベーション、 10. 不平等、11. 持続可能な都市、12. 持続可能な生産と消費、13. 気候変動、 14. 海洋資源、15. 陸上資源、16. 平和、17. 実施手段

下に、細分化された169のターゲットが定められています。

また、SDGsの前文で、「すべての国及びすべてのステークホルダーは、協同的なパートナーシップの下、この計画を実行する」としているのに加え、「これらの目標及びターゲットは、統合され不可分のものであり、持続可能な開発の三側面、すなわち経済、社会及び環境の三側面を調和させるものである」としています。加えて、持続可能な開発目標の実施指針が出されており、ビジョンとして、『持続可能で強靭、そして誰一人取り残さない、経済、社会、環境の統合的向上が実現された未来への先駆者を目指す。』が示されています。合わせて、実施原則として下記の5項目が示されています。

① 普遍性
② 包摂性
③ 参画型
④ 統合性
⑤ 透明性と説明責任

実施手段として、目標17.16で、「マルチステークホルダー・パートナーシップ」によって補完し、持続可能な開発のためのグローバル・パートナーシップを強化すると示されています。また、各国政府が国、地域、世界レベルでのフォローアップとレビューを行う第一義的な責任を有しており、国民への説明責任についても言及しています。

SDGsに関しては、我が国でも「SDGsアクションプラン」がSDGs推進本部より公表されています。そこでは、大きな柱として、次の3つを挙げており、これらの分野において国内実施と国際協力の両面において日本のSDGsモデルの展開を加速化していくとしています。

Ⅰ. ビジネスとイノベーション～SDGsと連動する「Society5.0」の推進～
Ⅱ. SDGsを原動力とした地方創生、強靭かつ環境に優しい魅力的なまちづくり
Ⅲ. SDGsの担い手としての次世代・女性のエンパワーメント

また、持続可能な開発のキーワードとして「５つのＰ（People、Planet、Prosperity、Peace、Partnership）」が示されていますが、そのキーワードの下に、「SDGs 実施指針」として、次の８つの優先課題が挙げられています。

① あらゆる人々が活躍する社会の実現
② 健康・長寿の達成
③ 成長市場の創出、地域活性化、科学技術イノベーション
④ 持続可能で強靭な国土と質の高いインフラの整備
⑤ 省・再生可能エネルギー、防災・気候変動対策、循環型社会
⑥ 生物多様性、森林、海洋等の環境の保全
⑦ 平和と安全・安心社会の実現
⑧ SDGs 実施推進の体制と手段

これまでに出題されたSDGs に関する問題の選択肢文を適切な記述例と不適切な記述例にわけて整理すると、次のようになります。なお、適切なものと不適切なものを読み間違えないために、選択肢文の最初に、適切なものには○を、不適切なものには●を付けてあります。

(a)　適切な記述例

○　SDGs は、政府・国連に加えて、企業・自治体・個人など誰もが参加できる枠組みになっており、地球上の「誰一人取り残さない（leave no one behind）」ことを誓っている。

○　SDGs は、深刻化する気候変動や、貧富の格差の広がり、紛争や難民・避難民の増加など、このままでは美しい地球を子・孫・ひ孫の代につないでいけないという危機感から生まれた。

○　SDGs の特徴は、普遍性、包摂性、参画型、統合性、透明性である。

○　SDGs は、2030 年を年限としている。

○　SDGs は、17 の国際目標が決められている。

○　SDGsでは、モニタリング指標を定め、定期的にフォローアップし、評価・公表することを求めている。

(b)　不適切な記述例

● SDGsには、法的拘束力があり、処罰の対象となることがある。
● SDGsの達成には、目指すべき社会の姿から振り返って現在すべきことを考える「バックキャスト（Backcast）」ではなく、現状をベースとして実現可能性を踏まえた積み上げを行う「フォーキャスト（Forecast）」の考え方が重要とされている。
● SDGsは、開発途上国のための目標である。
● 日本におけるSDGsの取組は、大企業や業界団体に限られている。
● SDGsでは、気候変動対策等、環境問題に特化して取組が行われている。

2. 環境関連用語

地球環境に影響を及ぼす事項に関しては、技術者は悪い影響を発生させない、または抑制するように配慮しなければなりません。そのため、環境への影響を考慮した技術開発等が求められています。環境に関しては、多くの用語がありますが、それらを題材にした出題もこれまでなされています。

（1）　環境関連用語

(a)　温室効果ガス

温室効果ガスは、地球大気中に含まれている気体のうち、地上から出る熱を大気中に保つ働きを持った気体です。地球温暖化対策推進法の第2条で、温室効果ガスとして次の7つが示されています。

① 二酸化炭素
② メタン
③ 一酸化二窒素
④ ハイドロフルオロカーボンのうち政令で定めるもの（19種類）
⑤ パーフルオロカーボンのうち政令で定めるもの（9種類）
⑥ 六ふっ化硫黄

⑦　三ふっ化窒素

(b)　持続可能な開発

持続可能な開発とは、1987年に国連の「環境と開発に関する世界委員会」（通称：ブルントラント委員会）が提唱したもので、「環境や資源を保全し、現在と将来の世代の必要をともに満たすような開発」という意味です。その後、1992年の地球サミットで「アジェンダ21」という、持続可能な開発の実現をめざして各国や国際機関が実施すべき具体的な行動計画（21世紀行動計画）として採択されました。

(c)　グリーン購入

環境にやさしい消費行動として、環境負荷の少ない商品を購入する運動がグリーン購入です。消費者団体や自治体が、環境にやさしい商品とそのメーカーを紹介するガイドブックを作成して、消費者が商品を購入しやすいように手助けをしています。消費者が、環境に優しい商品を購入したり、過剰包装を拒否したりする行動は、グリーンコンシューマリズム（消費者運動）といわれており、こうした行動が環境保護には欠かせなくなってきています。

(d)　カーボン・ニュートラル

カーボン・ニュートラルとは、温室効果ガスの排出量と吸収量を均衡させることをいいます。具体的には、二酸化炭素等の排出量から、植林や森林管理等によって生じる吸収量を差し引いた結果、合計を実質ゼロにすることです。我が国は、2050年におけるカーボン・ニュートラルを目指しています。

(e)　カーボン・オフセット

カーボン・オフセットとは、組織、自治体、政府が自分だけの努力では削減が困難な量については、他の場所で削減ができた量をクレジットとして購入したり、他の場所で削減させる活動を積極的にしたりすることによって、それを相殺（オフセット）し、低炭素化社会を実現させていくという考え方です。

基本的には、CO_2削減に対して自ら努力するのが大原則であるため。このカーボン・オフセットでは、**図表8.2**のようなステップを踏む必要があります。

これによって、地球温暖化問題が、市民や企業が自分の行動によって起きる

自分の行動がどれだけ二酸化炭素を発生しているか見えるようにする

地球環境問題とは自分にも責任がある問題だという認識を持たせる

自ら削減目標を定めて努力をする（省エネルギー化目標など）

それでも削減目標に届かなかった分をクレジット購入で相殺する

図表 8.2　カーボン・オフセットの基本ステップ

問題である点を認識し、主体的に行動する習慣を身につけると同時に、地球温暖化ガス削減のプロジェクト資金を生み出していくことが期待されています。

(f)　ライフサイクルアセスメント

ライフサイクルとは、資源の採取から始まって、素材や部品の製造段階、製品の製造段階、製品の流通時点、販売から購入段階、使用段階、そして最終的な廃棄またはリサイクル段階までの７段階すべてを指します。ライフサイクルアセスメントとは、この７段階すべてにおいて、環境に与える負荷を客観的に評価する手法の１つです。

(g)　ゼロエミッション

ゼロエミッションは、排ガス、排熱、排水、廃棄物を出さないような資源の再利用方法への取組みです。もちろん、資源を再生するためにエネルギーは必要ですので、完全なゼロエミッションにはできないと考えるべきです。しかし、排出するものを減らす努力は直接的に環境の悪化防止になりますので、環境負荷をゼロに近づけるための努力は大きな意味を持ちます。具体的な方法としては、工場で排出された物質を別の工場の原料や燃料とする方法があります。そのためには、相互に利用し合える異業種の工場が近隣に立地している必要があります。

(h)　生物多様性

生物多様性とは、生物それぞれが持つ多様な個性と生物相互のつながりを総合的に指す概念です。地球上に生存している生物は地球の40億年という長い歴史の中で、時代によって変化する環境に適応して進化してきており、現在までに3,000万種ともいわれる多様な生物が生まれてきたといわれています。そういった生命はそれぞれの個性を持つとともに、直接または間接的につながりを持って生きています。生物多様性条約は、生物環境を最大限に保全し、生物資源を持続的に利用できるようにすることや、生物資源から得られる利益を公平に分配することを目的とした国際条約で、①生態系の多様性、②種の多様性、③遺伝子の多様性という３つの階層で多様性があるとしています。

(i)　生物濃縮

生物濃縮とは、生物が自然環境から取り込む物質を、自然環境に存在する濃度よりも高い濃度で体内に蓄積する現象をいいます。具体的には、臭素やヨウ素などの元素だけではなく、DDT、PCB、ダイオキシンなどの化学物質も生物濃縮されます。特に、食物連鎖による生物濃縮では、高次に位置する生物での濃縮がより高濃度となり、数千倍から数万倍にまで濃縮するケースもあるとされています。

(２)　環境関連用語に関する出題例

これまでに出題された環境関連用語に関する問題の選択肢文を適切な記述例と不適切な記述例にわけて整理すると、次のようになります。なお、適切なものと不適切なものを読み間違えないために、選択肢文の最初に、適切なものには○を、不適切なものには●を付けてあります。

(a)　適切な記述例

○　低炭素社会とは、化石エネルギー消費等に伴う温室効果ガスの排出を大幅に削減し、世界全体の排出量を自然界の吸収量と同等のレベルとしていくことにより、気候に悪影響を及ぼさない水準で大気中の温室効果ガス濃度を安定化させると同時に、生活の豊かさを実感できる社会をいう。

○　カーボン・オフセットとは、日常生活や経済活動において避けることができないCO_2等の温室効果ガスの排出について、まずできるだけ排出量が減るよう削減努力を行い、どうしても排出される温室効果ガスについて、排出量に見合った温室効果ガスの削減活動に投資すること等により、排出される温室効果ガスを埋め合わせるという考え方である。

○　持続可能な開発とは、「環境と開発に関する世界委員会」（委員長：ブルントラント・ノルウェー首相（当時））が1987年に公表した報告書「Our Common Future」の中心的な考え方として取り上げた概念で、「将来の世代の欲求を満たしつつ、現在の世代の欲求も満足させるような開発」のことである。

○　ゼロエミッション（Zero emission）とは、産業により排出される様々な廃棄物・副産物について、他の産業の資源などとして再活用することにより社会全体として廃棄物をゼロにしようとする考え方に基づいた、自然界に対する排出ゼロとなる社会システムのことである。

○　生物濃縮とは、生物が外界から取り込んだ物質を環境中におけるよりも高い濃度に生体内に蓄積する現象のことである。特に生物が生活にそれほど必要でない元素・物質の濃縮は、生態学的にみて異常であり、環境問題となる。

(b)　不適切な記述例

●　温室効果ガスとは、地球の大気に蓄積されると気候変動をもたらす物質として、京都議定書に規定された物質で、二酸化炭素（CO_2）とメタン（CH_4）、亜酸化窒素（一酸化二窒素／N_2O）のみを指す。

●　カーボン・オフセットとは、社会の構成員が、自らの責任と定めることが一般に合理的と認められる範囲の温室効果ガスの排出量を認識し、主体的にこれを削減する努力を行うとともに、削減が困難な部分の排出量について、他の場所で実現した温室効果ガスの排出削減・吸収量等を購入すること又は他の場所で排出削減・吸収を実現するプロジェクトや活動を実現すること等により、その排出量の全部を埋め合わせた状態をいう。

●　カーボン・ニュートラルとは、社会の構成員が、自らの温室効果ガスの排出量を認識し、主体的にこれを削減する努力を行うとともに、削減が困難な部分の排出量について、他の場所で実現した温室効果ガスの排出削減・吸収量等を購入すること又は他の場所で排出削減・吸収を実現するプロジェクトや活動を実現すること等により、その排出量の全部又は一部を埋め合わせる取組みをいう。

3. エネルギーの脱炭素化

温室効果ガスの削減を実現するためには、石炭や石油、天然ガスなどの化石エネルギーの利用の削減（脱炭素化）が求められます。我が国の二酸化炭素排出量の約４割がエネルギー転換部門ですし、運輸部門においても、電気自動車等の利用による脱炭素化を図るためには、エネルギー転換部門の脱炭素化が不可欠となります。

（1） 再生可能エネルギー

エネルギーの脱炭素化のためには、再生可能エネルギーの利用促進が欠かせません。再生可能エネルギーとして一般に注目されているものとして、下記のものがあります。

① 太陽光発電
② 太陽熱利用
③ 風力発電
④ 廃棄物発電
⑤ 廃棄物熱利用
⑥ 水力発電
⑦ 地熱発電
⑧ バイオマス発電
⑨ 温度差エネルギー（海洋温度差発電など）
⑩ 海洋エネルギー（波力発電、潮汐発電、海流発電など）

（2） 水素社会

二次エネルギーとしては、これまで熱と電気が主体となっていましたが、最近では水素が注目されています。水素エネルギーの価値の1つとして、まず多様なエネルギー源から製造が可能であるため、エネルギーセキュリティの観点から優れている点があります。しかし、天然にはほとんど存在していない水素を製造するためには、一次エネルギーが不可欠となります。化石燃料ベースで製造された水素をグレー水素、二酸化炭素回収・利用・貯留と組み合わせた化石燃料ベースで製造された水素をブルー水素、再生可能エネルギーで製造された水素をグリーン水素と呼びます。脱炭素化のためには、グリーン水素の利用ができるエネルギーチェーンを作り出す必要があります。水素のエネルギーチェーンを確立するには、水素を運ぶ手段とその安全性の確保が欠かせません。水素のキャリアとしては、液化水素法、圧縮水素ガス法、吸蔵合金法、化学媒体（アンモニア、有機ハイドライトなど）法などがあります。また、水素の貯蔵方法としては、高圧タンク方式、低圧タンク方式、液体水素方式、メチルシクロヘキサン方式、水素吸蔵合金方式などがあります。

水素を用いた燃料電池への利用では電気化学的な反応で電気と熱を取り出すため、発電効率が高く、二酸化炭素の排出もないため環境負荷も低減できます。また、燃料電池自動車としての運輸部門での活用も期待できます。

（3） コージェネレーション

コージェネレーションシステムとは、原動機を一次エネルギーで駆動又は発電し、その際に発生する排熱を熱として利用するシステムです。そのため、熱電併給システムとも呼ばれています。電気の利用の場合、原動機の発電効率は20〜40％ですが、これに熱利用を加えると総合効率は、60〜85％にまで高められます。

（4） ヒートポンプ

ヒートポンプは低温熱源から高温熱源に熱をくみ上げる装置であるため、この名称が付けられています。ヒートポンプの原理は、冷凍サイクルと同じです。低温部から高温部へ熱を汲み上げる例を図で示すと、**図8.3**のようになります。

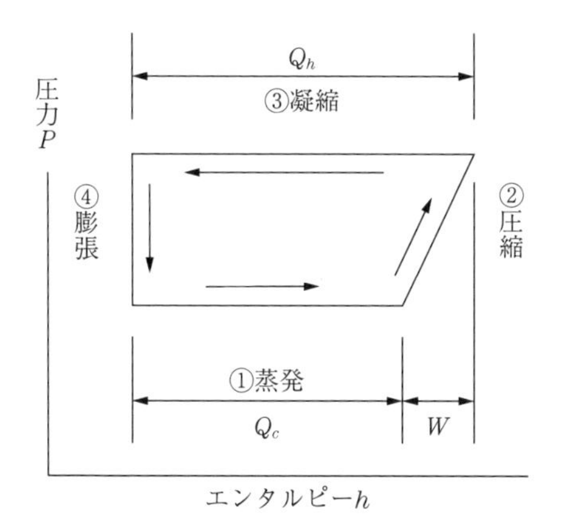

図表 8.3　ヒートポンプの基本サイクル

①の蒸発工程では外部より熱を奪い、②の圧縮工程では圧縮が行われます。その後、③の凝縮工程で熱を外部に放出し、④の膨張工程で減圧されます。その後は①に戻って、連続的に繰り返され、大気中の熱をくみ上げて、高温熱源とします。ヒートポンプの性能を示す指標としては、効果対エネルギー比の成績係数（COP：Coefficient of Performance）を用います。成績係数は下記の式で表わせます。

$$\text{成績係数（COP）}=\frac{\text{機器の出力効果}}{\text{機器への入力エネルギー}}$$

エネルギーは大気中の熱をくみ上げるためにだけ使われますので、通常は、COP は 1 よりも大きくなり、最近の空調機では COP が 5〜6 ぐらいの値になっています。

(5)　ネット・ゼロ化

脱炭素化を施設や地域で図っていこうという試みが増えてきています。その代表として ZEB（ネット・ゼロ・エネルギー・ビル）があります。経済産業省では、ZEB を、「先進的な建築設計によるエネルギー負荷の抑制やパッシブ技術の採用による自然エネルギーの積極的な活用、高効率な設備システムの導入等により、室内環境の質を維持しつつ大幅な省エネルギー化を実現した上で、再生可能エネルギーを導入することにより、エネルギー自立度を極力高め、年間の一次エネルギー消費量の収支をゼロとすることを目指した建築物」と定義しています。同様の考え方を住宅に適用したものをZEH（ネット・ゼロ・エネルギー・ハウス）といいます。

こういったネット・ゼロ化を実現するためには、エネルギー管理システム（EMS：Energy Management System）が欠かせません。ビルに活用されるのがBEMSで、住宅で活用されるのがHEMS、工場で活用されるのがFEMSになります。そういったエネルギー管理システムを地域に拡張したものが、CEMS（Community Energy Management System）になります。

（6） エネルギーの脱炭素化に関する出題例

これまでに出題されたエネルギーの脱炭素化に関する問題の選択肢文を適切な記述例と不適切な記述例にわけて整理すると、次のようになります。なお、適切なものと不適切なものを読み間違えないために、選択肢文の最初に、適切なものには○を、不適切なものには●を付けてあります。

(a) 適切な記述例

○ 空気熱は、ヒートポンプを利用することにより温熱供給や冷熱供給が可能な、再生可能エネルギーの1つである。

○ 水素燃料は、クリーンなエネルギーであるが、天然にはほとんど存在していないため、水や化石燃料などの各種原料から製造しなければならず、再生可能エネルギーではない。

○ 月の引力によって周期的に生じる潮汐の運動エネルギーを取り出して発電する潮汐発電は、再生可能エネルギーの1つである。

○ 再生可能エネルギーとは、化石燃料以外のエネルギー源のうち永続的に利用することができるものを利用したエネルギーであり、代表的な再生可能エネルギー源としては太陽光、風力、水力、地熱、バイオマスなどが挙げられる。

○　スマートシティやスマートコミュニティにおいて、地域全体のエネルギー需給を最適化する管理システムを、「地域エネルギー管理システム（CEMS：Community Energy Management System）」という。

○　コージェネレーション（Cogeneration）とは、熱と電気（または動力）を同時に供給するシステムをいう。

○　ネット・ゼロ・エネルギー・ハウス（ZEH）は、高効率機器を導入すること等を通じて大幅に省エネを実現した上で、再生可能エネルギーにより、年間の消費エネルギー量を正味でゼロとすること目指す住宅をいう。

(b)　不適切な記述例

●　石炭は、古代原生林が主原料であり、燃焼により排出される炭酸ガスは、樹木に吸収され、これらの樹木から再び石炭が作られるので、再生可能エネルギーの１つである。

●　バイオガスは、生ゴミや家畜の糞尿を微生物などにより分解して製造される生物資源の１つであるが、再生可能エネルギーではない。

4.　循環型社会

資源の有効利用と廃棄物の削減が求められています。最近では、プラスチック廃棄物の削減のために、個人の生活活動や産業活動に変化が生じています。

（1）　循環型社会形成推進基本法

循環型社会形成推進基本法は、環境保全のために、資源の循環を促進して廃棄物を抑制することが強く求められていることから制定された法律で、その目的は第１条に次のように示されています。

この法律は、環境基本法の基本理念にのっとり、循環型社会の形成について、基本原則を定め、並びに国、地方公共団体、事業者及び国民の責務を明らかにするとともに、循環型社会形成推進基本計画の策定その他循環

型社会の形成に関する施策の基本となる事項を定めることにより、循環型社会の形成に関する施策を総合的かつ計画的に推進し、もって現在及び将来の国民の健康で文化的な生活の確保に寄与することを目的とする。

循環資源とは、廃棄物のうちで有用なものすべてを指し、それらの再使用、再利用、熱回収をすることが求められています。そのため、事業者には廃棄物の循環資源利用と廃棄物の適正処理、製品の耐久性の向上や設計の工夫による廃棄物の抑制、自らの引き取りなどの責務が定められています。また国民に対しても、製品の長期利用、再生品の使用、分別回収の協力などの責務が定められています。なお、この法律では、①発生抑制、②再使用、③再生利用、④熱回収、⑤適正処分の順番で優先順位を示している点が特異的な内容となっています。

（2） 廃棄物の処理及び清掃に関する法律（廃棄物処理法）

廃棄物処理法の目的は、第１条に「廃棄物の排出を抑制し、及び廃棄物の適正な分別、保管、収集、運搬、再生、処分等の処理をし、並びに生活環境を清潔にすることにより、生活環境の保全及び公衆衛生の向上を図ることを目的とする。」と示されています。また、廃棄物処理法の第２条第１項では、「この法律において一般廃棄物とは、産業廃棄物以外の廃棄物をいう」とされており、産業廃棄物は下記のものをいうと第２条第４項に示されています。

① 事業活動に伴って生じた廃棄物のうち、燃え殻、汚泥、廃油、廃酸、廃アルカリ、廃プラスチック類その他政令で定める廃棄物

② 輸入された廃棄物（前号に掲げる廃棄物、船舶及び航空機の航行に伴い生ずる廃棄物並びに本邦に入国する者が携帯する廃棄物）

一般廃棄物の処理は、市町村に課されていますが、産業廃棄物の処理は事業者が行わなければなりません。同法第 12 条第７項では、「事業者は、前２項の規定によりその産業廃棄物の運搬又は処分を委託する場合には、当該産業廃棄

物の処理の状況に関する確認を行い、当該産業廃棄物について発生から最終処分が終了するまでの一連の処理の行程における処理が適正に行われるために必要な措置を講ずるように努めなければならない。」と規定されています。また、第12条の３で、マニフェスト（産業廃棄物管理票）による管理を規定しています。マニフェスト制度は、排出事業者が処理受託者に交付して、収集・運搬業者や処分業者が必要内容を記載したマニフェストの写しを一定期間内に排出事業者に返送する仕組みです。排出事業者は、返送された日から５年間マニフェストを保存しなければならないとされています。

（３） リサイクル関連法

廃棄物を削減して資源を有効活用するためには、リサイクルが欠かせません。リサイクルに関連する法律を整理すると、**図表8.4**のようになります。

図表8.4　リサイクル法

法律（略称）	法律（正式名称）	対象品例
容器包装リサイクル法	容器包装に係る分別収集及び再商品化の促進等に関する法律	びん、ペットボトル、紙製・プラスチック製容器包装等
家電リサイクル法	特定家庭用機器再商品化法	ユニット形エアコン、テレビ、電気冷蔵庫・電気冷凍庫、電気洗濯機・衣類乾燥機
食品リサイクル法	食品循環資源の再生利用等の促進に関する法律	食品残さ（目標：事業系の食品ロスを半減）
建設リサイクル法	建設工事に係る資材の再資源化等に関する法律	木材、コンクリート、アスファルト
自動車リサイクル法	使用済自動車の再資源化等に関する法律	自動車（自動車破砕残さ及び指定回収物品とフロン類）
小型家電リサイクル法	使用済小型電子機器等の再資源化の促進に関する法律	ユニット形エアコンディショナー、テレビジョン受信機（ブラウン管式、液晶式、プラズマ式）、電気冷蔵庫・電気冷凍庫、電気洗濯機・衣類乾燥機

（4） 循環型社会に関する出題例

循環型社会に関する出題例として、次のものがあります。

□ 従来の大量生産、大量消費、大量廃棄の社会構造システムが、廃棄物処分場の枯渇、不法投棄などの社会問題を引き起こし、環境への負荷を招いた反省から、天然資源の消費を抑制し環境への負荷の低い循環型社会への転換を目指し廃棄物・リサイクルに関する法律が整備されている。この廃棄物・リサイクルに関する法律についての次の（ア）～（エ）の記述について、正しいものは○、誤っているものは×として、最も適切な組合せはどれか。（平成28年度Ⅱ—14）

（ア）循環型社会への転換の基本的枠組みを定めたものが、「循環型社会形成推進基本法」であり、さらに各製品等の特徴を踏まえ、容器包装、家電製品、食品、建設資材等に関して、循環型社会に資する法律が制定されている。

（イ）廃棄物の排出抑制、適正な循環的利用、適正処分を目指し、廃棄物の処理及び清掃に関する法律（廃棄物処理法）が制定されている。この法律では廃棄物を一般廃棄物と産業廃棄物に分け、産業廃棄物については排出する事業者が自らの責任において適正に処理しなければならないことが定められている。

（ウ）廃棄物の処理及び清掃に関する法律（廃棄物処理法）では、事業者はその排出する産業廃棄物を処分するに当たり、第三者に処理を委託する場合には、最終処分までの適正な処理が実施されるための必要な措置に努めることが求められ、排出時から最終処分までの一貫した把握・管理ができるよう産業廃棄物管理票（マニフェスト）制度が整備されている。

（エ）特定家庭用機器再商品化法（家電リサイクル法）では対象機器として、ユニット型エアコンディショナー、テレビ、電気冷蔵庫及び電気冷凍庫、洗濯機及び衣類乾燥機が定められ、消費者は収集・再商品化に必要な費用を支払い適正な引き渡しを小売業者に行い、小売業者は引き取りを求められた対象機器を引き取る義務とそれらを指定引き取り場所に引き渡す義務が定められている。

	ア	イ	ウ	エ
①	○	○	○	×
②	○	○	×	○
③	○	×	○	○
④	×	○	○	○
⑤	○	○	○	○

なお、この問題の正答は⑤になります。

第9章

事例研究

技術者倫理教育が始められた当初から、教育手法の一つとして事例研究が広く実施されていましたし、現在でもその手法は広く用いられています。そういった背景から、適性科目ができた当初には、架空の事例をテーマにしてその適切／不適切を判断する問題が多く出題されていました。それが徐々に、実際に発生した事故や事件を題材にした問題が出題されるようになりました。最近では事例判断の問題は少なくなっていますが、大きな事故が発生するとそれをテーマに出題されるという傾向があります。また、仮想事例問題も時々出題されています。そういった点で、最近、新聞で話題となっている技術や技術者に起因した倫理問題については、関心を持って記事等を読んでおく必要があります。

1. 実際の事例

この項目では、過去に出題された問題の中から、実際に技術者がかかわった事故等における倫理問題の出題例を集めて紹介します。実際に出題された問題を読んで、事例研究問題としてどういった形式の問題が出題されたか、また、実際にどういった事故等があったのかを再認識してもらいたいと思います。

（1） 笹子トンネル事故

次に示す問題は、最近注目されているインフラストラクチャーの老朽化問題を社会的に広めるきっかけとなった、笹子トンネルの事故をテーマにした問題です。

□　平成24年12月2日、中央自動車道笹子トンネル天井板落下事故が発生した。このような事故を二度と起こさないよう、国土交通省では、平成25年を「社会資本メンテナンス元年」と位置付け、取組を進めている。平成26年5月には、国土交通省が管理・所管する道路・鉄道・河川・ダム・港湾等のあらゆるインフラの維持管理・更新等を着実に推進するための中長期的な取組を明らかにする計画として、「国土交通省インフラ長寿命化計画（行動計画）」を策定した。この計画の具体的な取組の方向性に関する次の記述のうち、最も不適切なものはどれか。（令和元年度Ⅱ—8）

① 全点検対象施設において点検・診断を実施し、その結果に基づき、必要な対策を適切な時期に、着実かつ効率的・効果的に実施するとともに、これらの取組を通じて得られた施設の状態や情報を記録し、次の点検・診断に活用するという「メンテナンスサイクル」を構築する。

② 将来にわたって持続可能なメンテナンスを実施するために、点検の頻度や内容等は全国一律とする。

③ 点検・診断、修繕・更新等のメンテナンスサイクルの取組を通じて、順次、最新の劣化・損傷の状況や、過去に蓄積されていない構造諸元等の情報収集を図る。

④ メンテナンスサイクルの重要な構成要素である点検・診断については、点検等を支援するロボット等による機械化、非破壊・微破壊での検査技術、ICTを活用した変状計測等新技術による高度化、効率化に重点的に取組む。

⑤ 点検・診断等の業務を実施する際に必要となる能力や技術を、国が施設分野・業務分野ごとに明確化するとともに、関連する民間資格について評価し、当該資格を必要な能力や技術を有するものとして認定する仕

組みを構築する。

点検の頻度や内容はそれぞれの施設の状況によって変わってきますので、②は不適切です。よって、正答は②になります。

(2)　マンションくい打ち問題

著者が勤務していた会社の知人が住んでいたマンションのくい打ち問題を紹介します。このマンションは建て替えが行われ、知人も元の住所に戻ることができました。

□　国土交通省は、横浜市のマンションに端を発した基礎ぐい工事の問題発生を受けて有識者による「基礎ぐい工事問題に関する対策委員会」を設置し、2015年12月に中間とりまとめ報告を発表した。その中で建築物の安全性、データ流用等の問題について、5つの論点と基本的な考え方を整理している。5つの論点とは、「安全・安心と信頼」「業界の風潮・風土、個人の意識」「責任体制」「設計と施工、その連携」「ハードウェア」である。

再発防止策に関する次の（ア）～（オ）の記述について、正しいものは○、誤っているものは×として、最も適切な組合せはどれか。(平成28年度Ⅱ—5)

（ア）データ流用が判明した物件の安全性確認は迅速かつ確実に実施する必要がある。しかし、データ流用があったことのみをもって建築物の安全性に必ず問題があると断定することはできず、技術者はデータ流用の問題と安全性の問題を分けて考えることも必要である。国民の信頼回復のため、関係者は問題意識を共有し再発防止に取り組むことが重要である。

（イ）データ流用を許容する業界の風潮、企業の風土、施工データによる施工状況の作成記録・確認・保管を軽視する個人の意識が変わることが必要である。企業経営者はコンプライアンスを重視し、現場におけるルールの遵守について啓発・周知することが重要である。

（ウ）建設工事の施工は、元請のもと重層化した下請構造においてなされるため、元請が統括的な役割を果たすことが重要であり、そのもとで下請が専門工事を適切に実施する体制を構築することが不可欠である。

（エ）基礎ぐい工事では設計者のみに高度な技術力と専門性が求められるため、施工者は実際の現場での地盤条件の確認よりも、設計者、工事監理者の考えを最優先に設計図に忠実な施工をすることが重要である。

（オ）データ流用の背景には、現場で偶発的に生じる機器の不具合に原因があるため、再発防止を図るためには、エラーの芽を未然に摘むためのハードウェアの高度化やIT技術の活用が効果的であり、ヒューマンエラーを前提にしたルール等の策定は必要でない。

	ア	イ	ウ	エ	オ
①	○	○	○	○	×
②	○	×	○	×	×
③	×	○	○	×	○
④	○	○	○	×	×
⑤	×	○	×	○	○

（エ）地盤などの自然条件は、各現場で状況が変わるため、現場でのデータに基づいて適切な施工が求められますので、誤った記述です。

（オ）作業においてはヒューマンエラーは避けることができないため、機器の不具合対応も含めてルール等を策定する必要がありますので、誤った記述です。

その他の選択肢は正しいので、この問題の正答は④になります。

2. 仮想の事例

次に示す問題は、適性科目が技術士第一次試験に取り入れられるようになった当初に多く出題されていた、仮想事例を使って事例判断をさせる問題の例になります。

(1) 安全保障貿易管理

安全保障貿易管理（輸出管理）に関する対応についての仮想事例になります。

□ 安全保障貿易管理（輸出管理）は、先進国が保有する高度な貨物や技術が、大量破壊兵器等の開発や製造等に関与している懸念国やテロリスト等の懸念組織に渡ることを未然に防ぐため、国際的な枠組みの下、各国が協調して実施している。近年、安全保障環境は一層深刻になるとともに、人的交流の拡大や事業の国際化の進展等により、従来にも増して安全保障貿易管理の重要性が高まっている。大企業や大学、研究機関のみならず、中小企業も例外ではなく、業として輸出等を行う者は、法令を遵守し適切に輸出管理を行わなければならない。輸出管理を適切に実施することにより、法令違反の未然防止はもとより、懸念取引等に巻き込まれるリスクも低減する。

輸出管理に関する次の記述のうち、最も適切なものはどれか。（令和3年度Ⅱ—4）

① α大学の大学院生は、ドローンの輸出に関して学内手続をせずに、発送した。

② α大学の大学院生は、ロボットのデモンストレーションを実施するためにA国β大学に輸出しようとするロボットに、リスト規制に該当する角速度・加速度センサーが内蔵されているため、学内手続の申請を行い

センサーが主要な要素になっていないことを確認した。その結果、規制に該当しないものと判断されたので、輸出を行った。

③ α大学の大学院生は、学会発表及びB国γ研究所と共同研究の可能性を探るための非公開の情報を用いた情報交換を実施することを目的とした外国出張の申請書を作成した。申請書の業務内容欄には「学会発表及び研究概要打合せ」と記載した。研究概要打合せは、輸出管理上の判定欄に「公知」と記載した。

④ α大学の大学院生は、C国において地質調査を実施する計画を立てており、「赤外線カメラ」をハンドキャリーする予定としていた。この大学院生は、過去に学会発表でC国に渡航した経験があるので、直前に海外渡航申請の提出をした。

⑤ α大学の大学院生は、自作した測定装置は大学の輸出管理の対象にならないと考え、輸出管理手続をせずに海外に持ち出すことにした。

① 学内ルールを無視した対応ですので、不適切な記述です。

③ 非公開の情報を「公知」と虚偽の申告をしているので、不適切な記述です。

④ 審査が行われるだけの十分な時間を考慮して申請書類は提出されなければなりませんので、不適切な記述です。

⑤ 学内ルールを無視して、勝手な判断で手続きをしていないのは、不適切です。

したがって、この問題の正答は②になります。

(2) 利益相反

科学研究における利益相反に関して出題された問題を次に示します。

□ 科学研究と産業が密接に連携する今日の社会において、科学者は複数の役割を担う状況が生まれている。このような背景のなか、科学者・研究者が外部との利益関係等によって、公的研究に必要な公正かつ適正な判断が損なわれる、または損なわれるのではないかと第三者から見なされかねない事態を利益相反（Conflict of Interest：COI）という。法律で判断できないグレーゾーンに属する問題が多いことから、研究活動において利益相反が問われる場合が少なくない。実際に弊害が生じていなくても、弊害が生じているかのごとく見られることも含まれるため、指摘を受けた場合に的確に説明できるよう、研究者及び所属機関は適切な対応を行う必要がある。以下に示すCOIに関する（ア）～（エ）の記述のうち、正しいものは○、誤っているものは×として、最も適切な組合せはどれか。（令和２年度Ⅱ―3）

（ア）公的資金を用いた研究開発の技術指導を目的にＡ教授はＺ社と有償での兼業を行っている。Ａ教授の所属する大学からの兼業許可では、毎週水曜日が兼業の活動日とされているが、毎週土曜日にＺ社で開催される技術会議に出席する必要が生じた。そこでＡ教授は所属する大学のCOI委員会にこのことを相談した。

（イ）Ｂ教授は自らの研究と非常に近い競争関係にある論文の査読を依頼された。しかし、その論文の内容に対して公正かつ正当な評価を行えるかに不安があり、その論文の査読を辞退した。

（ウ）Ｃ教授は公的資金によりＹ社が開発した技術の性能試験及び、その評価に携わった。その後Ｙ社から自社の株購入の勧めがあり、少額の未公開株を購入した。取引はＣ教授の配偶者名義で行ったため、所属する大学のCOI委員会への相談は省略した。

（エ）Ｄ教授は自らの研究成果をもとに、Ｄ教授の所属する大学から兼業許可を得て研究成果活用型のベンチャー企業を設立した。公的資金で購入したＤ教授が管理する研究室の設備を、そのベンチャー企業が無償で使用する必要が生じた。そこでＤ教授は事前に所属する大学のCOI委員会にこのことを相談した。

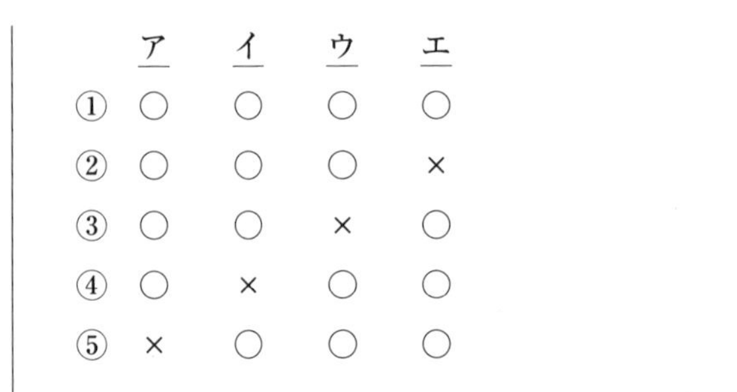

	ア	イ	ウ	エ
①	○	○	○	○
②	○	○	○	×
③	○	○	×	○
④	○	×	○	○
⑤	×	○	○	○

（ウ）配偶者名義であっても、実質的にC教授が利害関係のある会社の未公開株を購入するのに際してCOI委員会へ相談していないので、誤った記述です。その他の選択肢は正しいので、この問題の正答は③になります。

（3） データ虚偽報告

新技術・新工法に関するデータ虚偽報告をテーマにした出題例です。

□ 昨今、公共性の高い施設や設備の建設においてデータの虚偽報告など技術者倫理違反の事例が後を絶たない。特にそれが新技術・新工法である場合、技術やその検査・確認方法が複雑化し、実用に当たっては開発担当技術者だけでなく、組織内の関係者の連携はもちろん、社外の技術評価機関や発注者、関連団体にもある一定の専門能力や共通の課題認識が必要となる。関係者の対応として次の記述のうち、最も適切なものはどれか。（平成29年度Ⅱ―7）

① 現場の技術責任者は、計画と異なる事象が繰り返し生じていることを認識し、技術開発部署の担当者に電話相談した。新技術・新工法が現場に適用された場合によくあることだと説明を受け、担当者から指示された方法でデータを日常的に修正し、発注者に提出した。

② 支店の技術責任者は、現場責任者から品質トラブルの報告があったため、社内ルールに則り対策会議を開催した。高度な専門的知識を要する

内容であったため、会社の当該技術に対する高い期待感を伝え、事情を知る現場サイドで対策を考え、解決後に支店へ報告するよう指示した。

③　対策会議に出席予定の品質担当者は、過去の経験から社内ガバナンスの甘さを問題視しており、トラブル発生時の対策フローは社内に存在するが、倫理観の欠如が組織内にあることを懸念して会議前日にトラブルを内部告発としてマスコミに伝えた。

④　技術評価機関や関連団体は、社会からの厳しい目が関係業界全体に向けられていることを強く認識し、再発防止策として横断的に連携して類似技術のトラブル事例やノウハウの共有、研修実施等の取組みを推進した。

⑤　公共工事の発注者は、社会的影響が大きいとしてすべての民間開発の新技術・新工法の採用を中止する決断をした。関連のすべての従来工法に対しても悪意ある巧妙な偽装の発生を前提として、抜き打ち検査などの立会検査を標準的に導入し、不正に対する抑止力を強化した。

①　この内容はデータ改ざんに当たりますので、不適切な対応です。

②　当事者に対策を考えさせるのは不適切であるのに加え、トップに迅速に報告を挙げていないので、これも不適切な対応です。

③　警笛鳴らしの条件から、マスコミに伝えるというのは不適切な対応です。

⑤　民間開発の新技術や新工法をすべて否定するというのは行き過ぎた対応ですので、不適切な対応といえます。

したがって、この問題の正答は④になります。

おわりに

著者は、これまで複数の企業や組織で技術者倫理教育を行ってきました。その期間は20年を超えていますが、最近、技術者倫理教育については、その質を問われるようになってきたと考えています。当初の技術者倫理教育においては、目新しさという観点から、受講者が技術者倫理の基礎を学ぶとともに、事例研究にも興味を持って参加していました。しかし、それが数年続くとマンネリ化してしまうようで、安易な事例研究の発表になってしまい、逆に技術者倫理に対して甘い判断をしてしまうようになっていく傾向が強まってきています。それに伴って、技術者倫理違反に起因した社会問題が増加しているように感じます。そういった兆候に不安を感じていた時期に、学会等でも同じ危惧を持ったようで、技術者倫理教育の手法の変革が始まりました。そういった技術者倫理教育の変化を反映する形で適性科目の出題内容が変化しているのは、当然の結果といえるでしょう。それに対して、依然として、基礎科目のおまけのような形での受験対策を行っている状況を憂いて本著の初版の出版を企画したわけですが、執筆してみると、本著は技術士第一次試験だけではなく、技術士第二次試験の口頭試験対策としても有意義な書籍になったと自負しています。さらには、最近、適性科目で出題されている内容を、社会人の技術者倫理教育に反映させる必要があるなと思うようになってきました。

最近では、どの企業においても、コンプライアンス（法令遵守）や行動規範の順守が企業トップから強く指示されるようになってきています。また、経営者の立場として業務を行う期間を長く経験してきた著者としては、社員の不祥事が経営において大きなリスクと感じていました。合わせて、多くの社員がまだコンプライアンスに対して鈍感であるという危惧を強く持っていました。実際に、社員の法令違反や倫理違反で地位や立場を失う経営者や管理職も多くなってきています。このように、社会や公衆の判断基準が倫理事象に対して厳しくなっている状況からも、適性科目の内容はこれからも変化していくと思います。技術士第一次試験の受験申込み案内でも、『技術士制度は、科学技術に関する技術的専門知識と高等の応用能力及び豊富な実務経験を有し、公益を確保するため、高い技術者倫理を備えた、優れた技術者の育成を図るための国による技術者の資格認定制度です。』と示しているとおり、技術者倫理は技術士が必ず備えておかなければならない資質といえます。そういった点で、誰もが勉強することなく合格点が取れるような適性科目試験では、この技術士制度自体が保てません。そういった点からも、適性科目の重要性は増していくものと考えます。

このような社会状況を理解して、受験者も変化している適性科目の内容に対応した勉強をしてもらいたいと考えます。本著が、そういった意識を持った受験者への一助となることを期待しております。

最後に、公益社団法人日本技術士会では、技術者倫理に関する交流会や研究会が開催されていますので、どこかの機会で合格された皆さんにお会いできることを楽しみにしております。

2022年8月
福田　遵

〈著者紹介〉
福田　遵（ふくだ　じゅん）

技術士（総合技術監理部門、電気電子部門）
1979年3月東京工業大学工学部電気・電子工学科卒業
同年4月千代田化工建設㈱入社
2000年4月明豊ファシリティワークス㈱入社
2002年10月アマノ㈱入社、パーキング事業部副本部長
2013年4月アマノメンテナンスエンジニアリング㈱副社長
2021年4月福田遵技術士事務所代表
公益社団法人日本技術士会青年技術士懇談会代表幹事、企業内技術士委員会委員、神奈川県技術士会修習委員会委員などを歴任
日本技術士会、電気学会、電気設備学会会員
資格：技術士（総合技術監理部門、電気電子部門）、エネルギー管理士、監理技術者（電気、電気通信）、宅地建物取引士、認定ファシリティマネジャー等
著書：『技術士第一次試験「基礎科目」標準テキスト　第4版』、『技術士第一次試験「電気電子部門」択一式問題200選　第6版』、『例題練習で身につく技術士第二次試験論文の書き方　第6版』、『技術士第二次試験「口頭試験」受験必修ガイド　第6版』、『技術士第二次試験「電気電子部門」過去問題〈論文試験たっぷり100問〉の要点と万全対策』、『技術士第二次試験「建設部門」過去問題〈論文試験たっぷり100問〉の要点と万全対策』、『技術士第二次試験「機械部門」過去問題〈論文試験たっぷり100問〉の要点と万全対策』、『技術士第一次第二次試験「電気電子部門」受験必修テキスト　第4版』、『技術士第二次試験「総合技術監理部門」標準テキスト　第2版』、『トコトンやさしい電線・ケーブルの本』、『トコトンやさしい電気設備の本』、『トコトンやさしい発電・送電の本』、『トコトンやさしい熱利用の本』（日刊工業新聞社）等

技術士第一次試験
「適性科目」標準テキスト　第2版　　NDC 507.3

2016年4月15日　初版1刷発行
2018年5月31日　初版2刷発行
2022年9月15日　第2版1刷発行

（定価は，カバーに表示してあります）

©著　者　福田　遵
発行者　井水治博
発行所　日刊工業新聞社
東京都中央区日本橋小網町14-1
（郵便番号 103-8548）
電話　書籍編集部　03-5644-7490
販売・管理部　03-5644-7410
FAX　03-5644-7400
振替口座　00190-2-186076
URL　https://pub.nikkan.co.jp/
e-mail　info@media.nikkan.co.jp

印刷・製本　美研プリンティング

落丁・乱丁本はお取り替えいたします。　2022 Printed in Japan

ISBN 978-4-526-08228-3